图 1-1　登山服
（Raeburn）

图 1-2　滑雪服
（Runningriver）

图 1-3　钓鱼服（Snow Peak
x Toned Trout）

图 1-4　钓鱼服
（Columbia PFG）

图 1-5　乐飞叶户外运动装

图 1-6　2022 Yarnexpo 调温服装

图 1-7　Vollebak 黑色鱿鱼夹克

图 1-8　始祖鸟
登山服

图 1-9　探路者
登山服

图 1-10　凯乐石可拆分裤子

图 1-11　哥伦比亚户外服口袋设计

图 1-12　ENSHADOWER
防水口袋设计

图 1-13　哥伦比亚登山装
色彩搭配

图 1-14　北面（The North Face）
滑雪服

图 1-15　Q36.5 骑行服

图 1-16　BOHRHOO
户外装

图 1-17　Oqliq 户外装

图 1-18　攀山鼠（Klattermusen）
攀岩户外装收紧调节设计

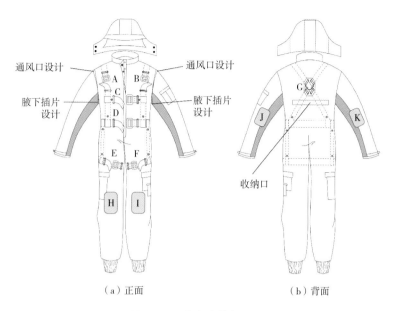

通风口设计　通风口设计

腋下插片设计　腋下插片设计

A　B
C
D
E　F
G
J　K
H　I

收纳口

（a）正面　（b）背面

图 1-19　高空连体作业服

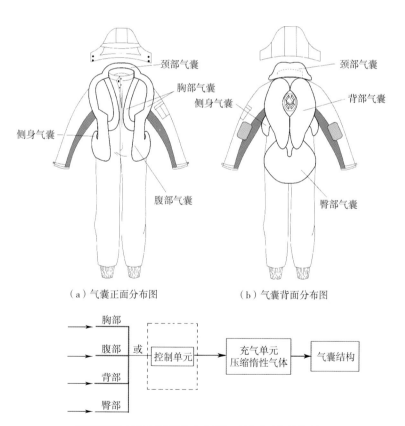

颈部气囊　颈部气囊

胸部气囊　背部气囊

侧身气囊　侧身气囊

腹部气囊　臀部气囊

（a）气囊正面分布图　（b）气囊背面分布图

胸部
腹部　或　控制单元　→　充气单元　→　气囊结构
背部　　　　　　　　　　压缩惰性气体
臀部

碰撞传感器（任何两个部位受到碰撞，便会启动控制单元）

（c）气囊充气说明图

图 1-20　气囊分布图

图 2-1　山航新一代空勤制服

图 2-2　酒店服务员工作服

图 2-3　商场职业装

图 2-4　外科医生工作装

图 2-5　行政职业装

图 2-6　The Row
职业时装

图 2-7　工厂工装

图 2-8　职业赛车服

图 2-9　杜邦 Tychem
6000/F 级化学
防护服耐强酸碱
辐射　实验化工防化
防护服

图2-10　飒美特校服设计

图2-11　中国特色的校服设计

图2-12　聚集点图

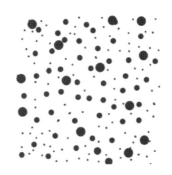

图2-13　分散点图

图2-14　点的应用

图2-15　短线设计

图2-16　线的立体构成

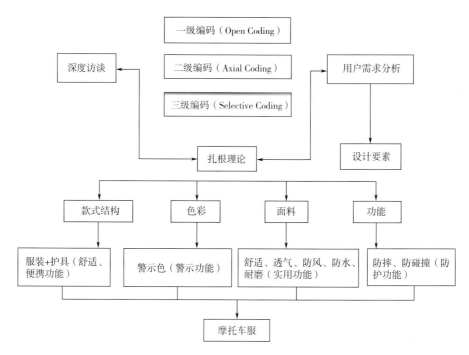

图 2-17　职业摩托车骑行服设计流程

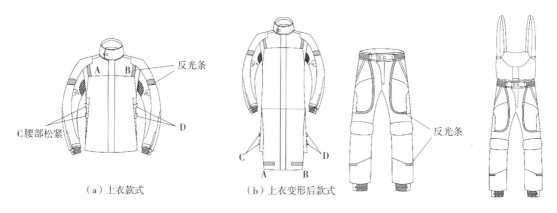

（a）上衣款式　　　　　（b）上衣变形后款式

图 2-18　摩托车服的上衣变形设计

图 2-19　职业摩托车骑行服
裤装的变形设计

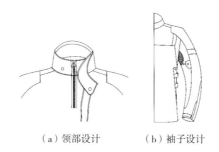

（a）领部设计　　　（b）袖子设计

图 2-20　职业摩托车服领部及袖子细节设计

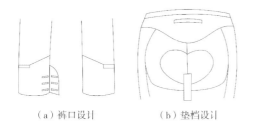

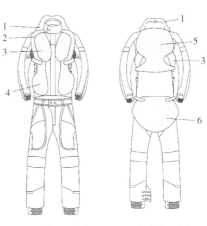

（a）裤口设计　　　　　（b）垫裆设计

图 2-21　职业摩托车服裤口及垫裆细节设计

（a）气囊正面分布　　　（b）气囊背面分布

图 2-22　气囊分布图

1—颈部气囊　2—肩部气囊　3—胸部气囊

4—腹部气囊　5—背部气囊　6—臀部气囊

图 3-1　话剧《长安第二碗》舞台照

图 3-2　话剧《雷雨》舞台照

图 3-3　意大利罗马歌剧院歌剧《茶花女》

图 3-4　第十一届中国舞蹈"荷花奖"舞蹈《丽人行》

图 3-5　北京京剧院武戏《挡马》

图 3-6　歌剧《图兰朵》

图 3-7　话剧《等待戈多》

图 3-8　2018 大都会歌剧院歌剧《茶花女》

图 3-9　话剧《茶馆》

图 3-10　话剧《雷雨》

图 3-11　话剧《玻璃动物园》

图 3-12　晚会舞台服装

图 3-13　话剧《家》

图 3-14　歌剧《图兰朵》服饰色彩对比

图 3-15　话剧《司马迁》

图 3-16　歌剧《托斯卡》

图 3-17　芭蕾舞剧《梁山伯与祝英台》

图 3-18　歌剧《卡门》

图 3-19　歌剧《西施》

图 3-20　歌剧《韩信》1

图 3-21 歌剧《韩信》2

图 3-22 戏曲中的一桌两椅

图 3-23 京剧《霸王别姬》

图 3-24 京剧《贵妃醉酒》

图 3-25 京剧《白蛇传》

图 3-26 戏曲中的靠

图 3-27 戏曲《杀驿》

图 3-28　戏曲《焚香记》

图 3-29　舞蹈《微尘》1

图 3-30　舞蹈《微尘》2

图 3-31　南京博物院小剧场
　　　　《牡丹亭·惊梦》剧照

图 3-32　江苏昆剧院青春版的
　　　　《牡丹亭·惊梦》剧照

图 3-33　邓宛霞　　　　图 3-34　青春版　　　　图 3-35　《牡丹亭》　　图 3-36　青春版
《牡丹亭·惊梦》褶子　　《牡丹亭·惊梦》褶子　　斗篷　　　　　　　　《牡丹亭》斗篷

图 3-37　马面百褶裙设计

图 4-1　曾凤飞
新中式男装

图 4-2　新中式童装

图 4-3　"涂月"品牌发布会

图 4-4　"旗纪"品牌发布会

图 4-5　le fame 新中式女装

图 4-6　"主见"新中式女装

图 4-7　盘扣设计（kensun）

图 4-8　新中式女装立领

图 4-9　新中式女装连肩袖设计

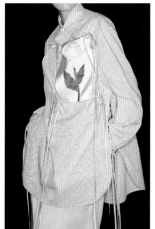

图 4-10　垂坠绑带设计

图 4-11　开衩设计　　　　　　　　　　图 4-12　东北虎(NE·TIGER)
发布会

图 4-13　"楚和听香"　图 4-14　2023"盖娅传说"　图 4-15　"无用"　图 4-16　"密扇"
品牌服装　　　　　服装发布会　　　　品牌服装　　　品牌服装

图 4-17　李宁品牌发布会　　　　　　图 4-18　"雀云裳"品牌女装

图 4-19　王丽萍校企合作作品

图 4-20　王丽萍校企合作成衣展示图

图 4-21　王丽萍校企合作成衣大片展示 1

图 4-22　王丽萍校企合作成衣大片展示 2

"十四五"普通高等教育本科部委级规划教材

校企合作专项 服装设计

陈姝霖 ◎ 主　编

杜　纲　钟玉贵 ◎ 副主编

中国纺织出版社有限公司

内 容 提 要

本书将服装设计所涵盖的多学科知识融为一体，详细讲解服装专项设计的基本原理、设计方法和校企合作案例分析。全书按企业不同方向分为四章，内容包括户外运动装设计、职业装设计、舞台服装设计、新中式服装设计。本书内容系统翔实、图文并茂，对优秀创意作品有详细的分析讲解，能够启发初学者的创造性思维，可以帮助初学者快速掌握服装专项设计的知识与技术。

本书既可作为高等服装院校服装专业的教材，也可供服装企业设计人员参考使用。

图书在版编目（CIP）数据

校企合作专项服装设计／陈姝霖主编；杜纲，钟玉贵副主编. --北京：中国纺织出版社有限公司，2023.12

"十四五"普通高等教育本科部委级规划教材

ISBN 978-7-5229-1293-6

Ⅰ．①校…　Ⅱ．①陈…②杜…③钟…　Ⅲ．①服装设计—高等学校—教材　Ⅳ．①TS941.2

中国国家版本馆 CIP 数据核字（2023）第 247209 号

责任编辑：宗　静　　特约编辑：朱静波
责任校对：高　涵　　责任印制：王艳丽

中国纺织出版社有限公司出版发行
地址：北京市朝阳区百子湾东里 A407 号楼　邮政编码：100124
销售电话：010—67004422　传真：010—87155801
http://www.c-textilep.com
中国纺织出版社天猫旗舰店
官方微博 http://weibo.com/2119887771
北京通天印刷有限责任公司印刷　各地新华书店经销
2023 年 12 月第 1 版第 1 次印刷
开本：787×1092　1/16　印张：10.5　彩插：16 页
字数：250 千字　定价：59.80 元

凡购本书，如有缺页、倒页、脱页，由本社图书营销中心调换

前言

在时尚的舞台上，服装设计扮演着引领潮流、传递文化与创造美感的重要角色。本书旨在将服装设计所涵盖的多元知识融为一体，深入解析服装专项设计的基本原理、设计方法及校企合作案例分析。本书不仅为学习服装设计的初学者提供了指导，也为服装设计人员提供了有益的参考。

随着时代的演进，服装设计不再是孤立的艺术创作，而是涉及众多学科领域的综合性工程。本书将多领域的知识融合，从文化、艺术、技术、商业等多个角度全面探讨服装设计的奥秘。无论是面向户外运动、职业场景、舞台演出，还是融入新中式元素，本书都将通过丰富的案例和实用的方法，为读者呈现一幅全景式的服装设计图景。

本书共分为四章，每一章都聚焦于不同的企业方向，深入剖析其背后的设计原则与灵感来源。第一章，走进户外运动装设计领域，探讨功能性与美感的完美融合；第二章，聚焦职业装设计，探索如何在着装中体现专业与时尚的兼容；第三章，探讨舞台服装设计，揭示服装在舞台表演中的表现力；第四章，引领读者进入新中式服装设计的独特世界，传承与创新并重。

本书不仅从理论上解析设计原则，更通过实例展示和深度分析，引导读者逐步领悟创意的萌芽、设计的精髓及技术的实现。为初学者提供灵感的源泉，激发创造性思维的火花。

在这个充满机遇和挑战的时代，本书的目标是帮助初学者迅速掌握服装专项设计的知识与技术，能站在时尚的前沿，创造出属于自己的独特之美。无论是作为高等服装院校的教材，还是为服装企业的设计人员提供的参考读物，本书愿为广大读者在创造与实践的道路上，助力搭建起一座跨越艺术与商业的华丽桥梁。

本书主编是常熟理工学院教师陈姝霖，负责第一章，第二章，第三章第一节、第二节，第四章第一节、第二节的编写；副主编钟玉贵是凤城市瑞沃尔制衣有限公司董事长，主要负责章第三章第三节的编写；副主编杜纲是丹东市唐人服饰有限公司董事长，主要负责第四章第三节的编写。在编写过程中，笔者参阅引用了部分国内国外相关资料及图片，对于参考文献的编著者和部分图片的原创者，在此一并表示感谢。还要感谢为本书提供优秀案例资料的同学。由于时间仓促及水平有限，内容方面存在不足之处，在此请相关专家、学者等提出宝贵意见，以便修改。

编者
2023 年 7 月

教学内容及课时安排

章/课时	课程性质/课时	节	课程内容
第一章 （16课时）	理论（8课时） 实践（8课时）		● 户外运动装设计
		一	户外运动装概论
		二	户外运动装功能性设计
		三	校企合作专项分析
第二章 （16课时）	理论（8课时） 实践（8课时）		● 职业装设计
		一	职业装概论
		二	职业装分类设计
		三	校企合作专项分析
第三章 （16课时）	理论（8课时） 实践（8课时）		● 舞台服装设计
		一	舞台服装概论
		二	舞台服装分类设计
		三	校企合作专项分析
第四章 （16课时）	理论（8课时） 实践（8课时）		● 新中式服装设计
		一	新中式服装概论
		二	新中式服装设计方法
		三	校企合作专项分析

注 各院校可根据自身的教学特点和教学计划对课程时数进行调整。

目录

第一章　户外运动装设计

随着社会的进步和生活质量的提高，户外运动已经成为人们休闲娱乐的一种方式，户外运动装也随之发展和创新，不仅要满足人们在不同环境和活动中的性能和舒适需求，还要体现出时尚和个性的风格。因此，户外运动装已经不再是单纯的运动用品，而是一种展示自我和生活态度的时尚选择。

第一节　户外运动装概论

一、户外运动装的概述

（一）户外运动装的定义

户外运动装是一种专门为户外运动而设计的服装，不同于一般运动服的特点和功能。户外运动装的概念可以从广义和狭义两个角度来理解。广义上，户外运动装是指任何在室外进行运动所穿的服装，包括各种球类、水上运动项目、马术、射击等多种运动项目。狭义上，户外运动装是指那些在自然环境中，具有探索和体验性质的新兴运动项目所穿的服装，如登山、徒步、滑雪、皮划艇等。本书主要研究的是狭义上的户外运动装，它是一种与自然界紧密联系，适应各种复杂和变化的环境条件的服装。

（二）户外运动的起源

户外运动装是一种专为户外运动而设计的服装，涵盖了从简单的郊游、徒步、运动、登山、攀岩、滑雪等，到具有特殊功能和要求的户外运动装等。户外运动装的发展历史与户外运动的发展历史密切相关，它反映了人们对自然环境的探索和体验，以及对生活方式和时尚风格的追求。

户外运动的起源可以追溯到18~19世纪的旅游和探险运动，当时人们开始对自然界产生好奇和向往，也开始一些探险和登山的活动。这些活动对服装的要求主要是保暖和耐用，因此，当时的户外运动服装主要是由呢绒、毛皮、棉布等材料制成的，如毛皮大衣、毛毡帽、棉布裤等。这些服装虽然能够提供一定的保护，但也存在着重量大、吸水性强、透气性差等缺点，不利于户外运动的舒适性和安全性。20世纪下半叶，随着经济的发展和社会的变化，人们对户外运动的需求和兴趣发生了变化。一方面，人们开始寻求更多的休闲娱乐方式，以缓解工作和生活带来的压力，户外运动成为一种流行的生活方式和时尚选择；另一方面，人们开始关注自然环境的保护和可持续发展，户外运动成为一种表达自我和生活态度的方式。这些变化促进了户外运动项目的多样化和创新，如登山、徒步、滑雪、皮划艇、骑行、高尔夫球等。同时，也促进了户外运动装的发展和创新，不仅要满足人们在不同环境和活动中的性能和舒适需求，还要体现出时尚和个性的风格。20世纪下半叶也是科技发展的一个重要时期，特别是合成纤维和防水透气面料等新材料的出现，为户外运动装提供了更多的可能性。例如，在1950年法国登山队攀登安娜普尔纳峰时，使用了聚酯纤维制成的双层羽绒服，能够承受零下30摄氏度左右的严寒。在1969年美国登山队攀登珠穆朗玛峰时，使用了聚酯纤维制成的单层羽绒服，并配备了防水透气面料制成的冲锋衣。这些新材料不仅提高了户外运动装的保暖性、轻便性、耐用性等功能性指标，还提高了户外运动装的美观性、舒适性等感官指标。20世纪80年代是户外运动装快速发展和普及的一个时期。在这个时期，由于科技进步和市场需求推动了户外运动装生产标准化和品牌化。例如，美国戈尔公司开发了Gore-Tex面料，这是一种具有防水透气功能的特殊面料，它可以有效地阻挡雨水和风雪的侵入，同时又可以将身体散发的水分和热量排出，保持身体的干爽和舒适。这种面料被广泛应用于户外运动装的制作，成为户外运动装的标志性材料之一。此外，还有许多其他的新材料和新技术被应用于户外运动装的制作，如超轻面料、双层热量反射技术、抗菌防臭技术等，使得户外运动装的功能性和舒适性达到一个新的水平。

21世纪是户外运动装高科技化和智能化的一个时期。在这个时期，由于科技革命和消费者需求推动了户外运动装的创新和多样化。例如，有些户外运动装中加入了小型充电式锂电池、LED灯带、加热装置及微型温度调节器等智能元件，使得户外运动装可以根据环境和个人的需要，自行调节服装的温度和亮度，提高了户外运动的安全性和舒适性。此外，还有些户外运动装中加入了GPS定位、心率监测、蓝牙通信等智能功能，使得户外运动装可以与手机或其他设备连接，实现数据传输和信息共享，提高了户外运动的便利性和趣味性。

总之，户外运动装是一种与时代发展和科技革新紧密联系的服装类型，不仅要满足人们在户外运动中的功能性需求，还要满足人们对生活方式和时尚风格的需求。户外运动装与日常服装不同的是，它要适应各种复杂和变化的自然环境条件，同时也要兼顾日常穿着的美观性、舒适性、便捷性和轻量化。它是一种展示自我和生活态度的时尚选择。

（三）户外运动的特点

户外运动是指在自然环境中进行的各种体育活动，如登山、野营、攀岩、溯溪、滑翔、滑雪等。户外运动不仅能锻炼身体，增强体质，还能享受大自然的美景，培养探险精神和团队协作能力。首先，户外运动装是专门为户外运动设计的服装，它与普通的运动休闲服装有很大的区别，主要体现在功能性、色彩选择和款式设计上。其次，户外运动装对于色彩的选择也与普通运动休闲服装有很大不同。考虑到色彩的警示性与易辨识性，高明度、高纯度的色彩是户外运动服的第一选择。通过对市场上现有的户外运动装进行分析调查不难发现，与一般运动休闲服相比，户外运动服款式设计相对单一，廓型采用基本型而无其他明显变化，服装细节装饰也较为局限。在自然环境下进行的户外运动，有着回归大自然、返璞归真的特征。户外运动具有挑战性和探险性，特别是比赛的团队精神（图1-1、图1-2）。

图 1-1　登山服（Raeburn）　　图 1-2　滑雪服（Runningriver）

1. 运动本身的特点

户外运动有以下几个特点：

（1）回归自然、返璞归真。这对生活在城市中的人具有独特的吸引力，有助于培养人与自然协调发展和保护生态环境的观念。

（2）具有挑战性和探险性。探险可以激起人们的好奇心和求知欲，在探险过程中激发潜能，在户外运动中完善人格，提高应对挑战的能力。

（3）团队精神。户外运动要求团队协作，强调统一的思想和步调，相互帮助的精神体现。

2. 户外运动装的特征

户外运动装主要以运动、舒适、休闲为主旋律。目前，包括冲锋衣、抓绒衣、软壳、快干衣裤和功能性户外装。冲锋衣已成为所有户外运动爱好者的首选外衣，具有良好的防风、保暖、防水、防刺等功能。

普通运动服装主要专注于体育运动竞赛，产品的设计通常按照运动项目的不同而进行特定设计制作。而户外运动装的机能不同于职业运动者的服装，人们一般穿着的户外运动装主要讲究防皱、防水和穿着轻便舒适。

功能性是户外运动装最重要的特点，也是与普通运动休闲服装最大的区别。由于户外运动的特殊性，户外运动装必须具备防风、防水、保暖、透湿、透气、速干等多种功能，以适应各种复杂多变的气候和地形条件。

（1）防风性。防风性是指服装能够抵挡风力对人体造成的寒冷影响。户外运动时，人体会因为汗液蒸发而散失热量。如果遇到强风，热量散失会加快，导致体温下降，甚至引起感冒或冻伤。因此，户外运动装必须具备良好的防风性能，阻止风力进入服装内部，保持人体温度稳定。防风性能主要取决于织物的密度和结构，一般来说，织物越密实越厚实，防风性能越好。但是，过于密实、厚实的织物也会影响透气性和舒适性，所以，需要在防风性和透气性之间找到平衡点。目前，常用的防风织物有涤纶、尼龙等合成纤维织物以及一些特殊处理过的棉麻织物。

（2）防水性。防水性是指服装能够抵挡水分对人体造成的湿润影响。户外运动时，可能会遭遇雨雪等降水天气，或者穿越河流湖泊等水域地形。如果服装不能有效地防止水分渗透到内部，人体就会感到潮湿不适，并且容易受凉生病。因此，户外运动装必须具备良好的防水性能，使水分滑落服装表面或者形成珠状而不被吸收。防水性能主要取决于织物表面的处理方式和材料选择，一般来说，有两种常用的方法：涂层法和薄膜法。涂层法是在织物表面涂上一层防水材料，如聚氨酯、聚酯等，使织物具有一定的防水性能，但是涂层会随着时间和磨损而失效。薄膜法是在织物表面粘贴一层防水薄膜，如聚四氟乙烯（PTFE）、聚酰胺（PA）等，使织物具有较高的防水性能，但是薄膜会影响透气性和柔软性。目前，常用的防水织物有涤纶、尼龙等合成纤维织物以及一些特殊处理过的棉麻织物。

（3）保暖性。保暖性是指服装能够保持人体热量不散失的功能。户外运动时，人体会因为运动而产生大量的热量，如果服装不能有效地保留这些热量，人体就会感到寒冷，并且影响运动效果和身体健康。因此，户外运动装必须具备良好的保暖性能，使人体在运动时保持适宜的温度。保暖性能主要取决于织物的材料和结构。一般来说，织物越厚、越松软、弹性越大，保暖性能越好。这是因为厚、松、弹性的织物可以形成更多的空气层，而空气是一种很好的隔热材料，可以减少热量流失。目前，常用的保暖织物有羊毛、羽绒、棉花等天然纤维织物以及涤纶、聚丙烯等合成纤维织物。

（4）透湿性。透湿性是指服装能够将人体排出的水分迅速排出到服装外部的功能。户外运动时，人体会因为运动而出汗，如果服装不能有效地将汗液排出，人体就会感到潮湿不适，并且影响温度调节和皮肤呼吸。因此，户外运动装必须具备良好的透湿性能，使汗液在服装内部形成水蒸气，并通过微孔或毛孔溢出服装外部。透湿性能主要取决于织物的材料和结构，一般是织物越薄、越光滑、越紧密，透湿性能越好。这是因为薄、光滑、紧密的织物，可以减少水分在表面的停留时间，并且提高水分向外扩散的速度。目前常用的透湿织物有棉麻、丝绸等天然纤维织物以及涤纶、尼龙等合成纤维织物。

（5）透气性。透气性是指服装能够让空气自由地进出服装内部的功能。户外运动时，人体需要通过呼吸来进行氧气和二氧化碳的交换。如果服装不能有效让空气进出，人体就会感到闷热不适，并且影响呼吸功能和血液循环。因此，户外运动装必须具备良好的透气性能，使空气在服装内外形成对流，并带走多余的热量和水分，保持服装内部的舒适度和干爽度。透气性能的好坏，取决于服装的材质、结构和设计等因素。一般来说，天然纤维如棉、麻、羊毛等具有较好的透气性，而合成纤维如涤纶、尼龙等则较差。但是，随着科技的发展，一些新型的合成纤维也能通过特殊的处理或加工，提高其透气性能，甚至超过天然纤维。例如，一些微孔膜或透气膜的材料，可以在阻挡风雨的同时，让水汽和空气通过，达到防水透气的效果。此外，服装的结构和设计也会影响其透气性能。例如，一些服装会在背部、腋下、胸前等部位设置通风口或拉链，以增加空气流通和散热。还有一些服装会采用不同面料的拼接或组合，以适应不同部位的透气需求。总之，户外运动装的透气性是一个综合考量多方面因素的问题，需要根据不同的运动类型、环境条件和个人喜好来选择合适的服装。

二、户外装的分类

户外装品牌市场一般是通过不同的功能性来区分的。例如，登山运动服装品牌、户外旅游服装品牌、野营服装品牌，这些品牌属于户外运动服装，因为运动的针对项目不同，所以服装的功能性也是不一样的，所针对的消费人群也不同。户外运动装根据不同的分类方法分为不同的种类：

（一）按运动量划分

户外运动是指在自然环境中进行的各种体育活动，可以锻炼身体，增强体质，也可以欣赏风景，放松心情。户外运动的种类很多，不同的运动项目对户外运动装的要求也不同。户外运动装可以按照运动量的大小来划分为三类。

第一类是轻运动量的户外运动装，适合徒步、郊游等活动。这类运动的特点是强度低，时间长，对户外运动装的要求主要是舒适、透气和保暖。轻运动量的户外运动装通常采用棉质或化纤材料，以保持良好的吸湿排汗性能，防止身体过热或过冷。同时，轻运动量的户外运动装也应该具有一定的防风、防水和防紫外线功能，以应对不同的气候条件。

第二类是一般运动量的户外运动装，适合慢跑、登山等活动。这类运动的特点是强度中等，时间较短，对户外运动装的要求主要是轻便、耐磨和保护。一般运动量的户外运动装通常采用尼龙或涤纶等合成材料，以降低重量和增加强度，防止在运动中被划破或撕裂。同时，一般运动量的户外运动装也应该具有较好的防风、防水和透气功能，以保持身体的干爽和舒适。

第三类是强度大的运动量的户外运动装，适合攀岩、滑雪和滑翔等活动。这类运动的特点是强度高，时间短，对户外运动装的要求主要是紧身、灵活和安全。强度大的运动量的户外运动装通常采用弹性纤维或复合材料，以提高贴合度和伸缩性，方便在高难度的姿势中自由移动。同时，强度大的运动量的户外运动装也应该具有优异的防风、防水和保温性能，以抵御寒冷和湿润的环境。

总之，户外运动装是根据不同的运动项目和环境条件而设计和选择的。选择合适的户外运动装，不仅可以提高运动效果和体验，也可以保护身体免受伤害。因此，在进行户外运动之前，应该根据自己的需求和喜好，选择适合的户外运动装。

（二）按运动环境划分

运动环境是指进行体育活动时所处的自然或人造的场所和条件。根据运动环境的不同特点，可以将其划分为以下几种类型：

1. 陆地环境

陆地环境是最常见的运动环境，包括平地、山地、沙漠、森林等。在陆地环境中，可以进行各种各样的运动，如旅行、攀岩、登山、骑行、越野、滑雪等。这些运动可以锻炼耐力、力量、平衡和协调能力，也可以让我们欣赏大自然的风光和多样性。

2. 水中环境

水中环境是一个充满挑战和乐趣的运动环境，包括海洋、湖泊、河流等。在水中环境中，可以进行一些刺激和惬意的运动，如漂流、冲浪、潜水、游泳等。这些运动可以锻炼呼吸、心肺功能和水性，也可以让人们感受水的力量和美丽。

3. 空中环境

空中环境是一个高风险高回报的运动环境，包括天空、高空等。在空中环境中，可以进行一些极限和创新的运动，如滑翔、跳伞、翼装飞行等。这些运动可以锻炼勇气、决策和控制能力，也可以让我们体验飞翔的快感和自由。

（三）按款式划分

运动服装是指为了适应不同的运动环境和要求而设计的服装，通常具有舒适、透气、吸汗、保暖等特点。根据运动服装的不同款式，可以将其划分为以下两种类型：

1. 连体式

连体式是一种将上衣和裤子或裙子连接在一起的运动服装，其可以减少摩擦和风阻，提高运动效率和舒适度。连体式运动服装常见于一些需要高速或灵活的运动，如自行车、赛车、滑雪、体操等。连体式的运动服装也可以根据不同的季节和材质进行调整。例如，冬季可以选择保暖的棉或羊毛面料，夏季可以选择轻薄的丝或棉麻面料。

2. 分体式

分体式是一种将上衣和裤子或裙子分开穿着的运动服装，可以根据个人喜好和需要进行搭配和更换，增加运动服装的多样性和个性化。分体式运动服装适用于大多数的运动项目，如篮球、足球、网球、钓鱼、瑜伽等（图1-3、图1-4）。分体式的运动服装也可以根据不同的风格和功能进行选择，如休闲的T恤或卫衣、专业的紧身衣或马甲、防水的夹克或风衣等。

（四）按三层着装原则划分

运动服装的三层着装原则是一种根据运动的类型和条件，搭配适合的运动服装层次和材质的方法，可以有效地调节身体的温度和湿度。按照这一原则，可以把运动服装分为以下三层：

1. 基本层

基本层是最贴近皮肤的一层运动服装，其主要功能是排出身体产生的汗液，即把汗液快速地传递到外层，防止汗液在皮肤表面停留，造成冷湿和不舒服。基本层的运动服装应该选择通风性好、吸水性强、不容易起毛球、不容易变形、不容易有异味等材质，如聚酯纤维、莫代尔纤维、竹纤维等。基本层的运动服装也应该选择紧贴、合身、轻巧、柔软等款式，如内衣、紧身衣、打底裤等。

图 1-3　钓鱼服（Snow Peak x Toned Trout）　　　　图 1-4　钓鱼服（Columbia PFG）

2. 中间层

中间层是在基本层之上的一层运动服装，主要功能是保温，即把身体释放的热量留在中间层内部，形成一股暖和的空气。

3. 外层

外层是最外面的一层运动服装，主要功能是防风、防水，即抵挡外界的风、雨、雪等恶劣天气，保持基本层和中间层的干燥和温暖。

三、户外装的现状分析

21 世纪以来，新科技革命推动了全球化的快速发展，也给户外运动装领域带来了巨大的变化和挑战。在这个时代，人们不仅追求户外运动装的功能性，也注重户外运动装的时尚性和舒适性。因此，科技创新和流行时尚对户外运动装的设计和发展产生了深刻的影响。

（一）科技创新对户外运动装的影响

科技创新是户外运动装的核心驱动力，它使户外运动装的功能性达到了一个新的高度。科技创新不断提升户外运动装的各项性能，如吸湿排汗、防风防水、调温抗菌等，满足了人们在不同的运动环境和需求下对户外运动装的高标准和高要求。科技创新不断开发新的材质和工艺，如调温纤维、抗菌保健材料、无缝拼接等，提高了户外运动装的舒适度和耐用度。科技创新让户外运动装更加智能化、人性化和环保化，为人们提供了更加安全、健康和便捷的户外运动体验。

（二）流行时尚对户外运动装的影响

流行时尚是户外运动装的重要表现形式，使户外运动装的时尚性和个性化得到了充分的展现。流行时尚反映了人们对美好生活的向往，也体现了人们对自我表达和审美追求的不断提升。流行时尚不断引领户外运动装的色彩、款式、图案等设计元素的变化和创新，赋予了户外运动装更多的艺术感和魅力。流行时尚也不断融合户外运动装与其他领域的交流和互动。例如，音乐、电影、美术等，打造了更多的跨界合作和品牌联名，为人们提供了更多的选择和享受。流行时尚让户外运动装更加多样化、个性化和国际化，为人们提供了更加丰富、有趣和时尚的户外运动方式。

户外运动装是一种结合功能性和时尚性的服装类型，适应了人们在不同的运动场景和环境下的需求，也展示了人们对美好生活和个性表达的追求。在当下，时尚运动风和城市生活变化是影响户外运动装设计和发展的两大因素，给户外运动装带来新的机遇和挑战。时尚运动风是户外运动装的重要推动力，它使户外运动装的设计更加多元化和创新化。时尚运动风体现了人们对运动服装的高品位和高要求，也反映了人们对运动方式和生活方式的多样化和个性化。时尚运动风促进了户外运动装与其他领域的跨界合作和融合，例如，与时装界、音乐界、艺术界等，打造了更多的品牌联名和系列产品，为人们提供了更多的选择和享受。时尚运动风也激发了户外运动装的色彩、款式、图案等设计元素的变化和创新，赋予了户外运动装更多的艺术感和魅力。时尚运动风让户外运动装更加符合人们的审美和情感，为人们提供了更加丰富、有趣和时尚的户外运动体验。城市生活变化是户外运动装的重要适应力，使户外运动装的功能更加完善和优化。城市生活变化反映了人们对户外运动的需求和期待，也体现了人们对健康生活和自然环境的关注和尊重。城市生活变化促进了户外运动装的各项性能的提升和改进，城市生活变化让户外运动装更加智能化、人性化和环保化，为人们提供了更加安全、健康和便捷的户外运动体验。

（三）国外户外装的现状及品牌分析

1. 国外户外装的现状

户外运动装是一种结合了功能性和时尚性的服装类型，受到了时尚运动风和城市生活变化的影响，同时也面临着激烈的竞争和创新的挑战。

全球户外运动装市场在 2021 年的价值约为 348 亿美元，预计到 2027 年将增长到 450 亿美元以上。这一预测将户外运动装定义为户外运动时穿着的服装。根据市场调研的报告，全球户外运动装市场在 2019 年到 2027 年间的复合年增长率为 4.6%，预计到 2027 年将达到 21523.65 百万美元。根据市场调研的分析，全球户外运动装市场在 2021 年的价值为 139 亿美元，预计到 2031 年将达到 236 亿美元，复合年增长率为 5.6%。

2. 户外运动装的分类

户外运动装市场可以根据产品类型、消费者群体、应用场景和分销渠道进行细分。按照产品类型，户外运动装市场可以分为上衣、下装和其他。上衣包括衬衫、T恤、夹克和卫衣等；下装包括裤子、短裤、紧身裤和打底裤等；其他包括手套、帽子、护腕、护膝等。按照消费者群体，户外运动装市场可以分为男性、女性和儿童。按照应用场景，户外运动装市场可以分为专业运动和一般使用。按照分销渠道，户外运动装市场可以分为线上和线下。线下渠道包括大型商场、专卖店和个体零售商等。

3. 户外运动装的品牌分析

户外运动装市场有许多知名品牌参与竞争，其中一些品牌如始祖鸟（Arc'teryx）、北面（The North Face）、沙乐华（Salewa）、布来亚克（BLACK YAK）、Marmot、山浩（Mountain Hardwear）、猛犸象（Mammut）、沃德（Vaude）、哥伦比亚（Columbia）、乐飞叶（Lafuma）、艾高（AIGLE）、Lowe Alpine、凯乐石（Kailas）、Skogstad、狼爪（Jack Wolfkin）、瑞典北极狐（Fjallraven）、诺诗兰（Northland）、欧都纳（Atunas）、奥索卡（Ozark）等，在功能性、时尚性、创新性和品牌形象方面有较强的优势和影响力。这些品牌通过不断开发新产品、新材料、新工艺和新设计，来满足消费者的不同需求和喜好，也通过与其他领域的跨界合作和融合，来扩大市场份额和提高品牌知名度（图1-5）。

图1-5 乐飞叶户外运动装

在韩国，户外运动装市场非常发达，因为韩国人普遍喜爱户外运动，尤其是登山，同时对户外运动装的品质和设计有着较高的标准。因此，在韩国，无论是山区、城市还是乡村，都可以看到各种规模的户外运动装专卖店和品牌形象店。对于户外运动装品牌商来说，韩国是一个非常有吸引力的市场，也是一个非常有挑战性的市场。要想在韩国市场站稳脚跟，就必须不断创新和改进产品的功能性、时尚性和品牌形象。以法国品牌乐飞叶为例，它自2004年进入韩国市场以来，就凭借其独特的设计理念和优质的产品质量，赢得了韩国消费者的青睐。乐飞叶在韩国设立了专业的设计团队，由最优秀的服装设计师组成，他们以舒适、科学为基础，以创新、个性为特色，每一季推出600多种设计和1000多种色彩搭配供消费者选择。乐飞叶的产品打破了传统户外运动装的宽松、单调的风格，赋予了产品时尚的款式、合体的板型、明亮的色彩和精致、科学的剪裁，尽可能地展现人体的美与活力。乐飞叶可以说是最具时尚感的专业户外运动装品牌之一，在亚洲市场，乐飞叶更是引领着户外运动装设计风格的方向，为众多品牌的设计语言带来了新的可能。

（四）国内户外装的现状及品牌分析

户外运动是一种追求健康和时尚的生活方式，它让人们在自然环境中享受运动的乐趣，同时也锻炼身心。在中国，户外运动的市场潜力巨大，因为越来越多的人参与其中，对户外运动装备的需求也日益增加。然而，中国的户外运动装备市场也面临着一些问题和挑战。其中，设计抄袭、功能与时尚的平衡、品牌文化的建设等问题尤为突出。

为了在竞争激烈的市场中脱颖而出，一些户外运动装备品牌开始不断创新和改进自己的产品和理念。凯乐石作为中国知名的户外运动装备品牌之一，在产品研发过程中非常注重中国市场的特点和消费者的需求。他们将功能性和时尚性相结合，打造出适合中国人体型和审美的户外运动装备。这些产品不仅具备轻便、保暖、防水等基本功能，还具有独特的设计风格和色彩搭配，让消费者在户外运动时既感到舒适又具有时尚感。

在中国，户外运动已经成为当下流行的时尚风潮，人们追求健康的生活方式，参与户外运动的人逐渐增多，导致户外运动装备市场迅速扩张。然而，这也带来了一些问题。首先，国内户外运动品牌普遍存在设计作品抄袭现象，缺乏原创性，主要是为了追求利润和降低成本。因此，在产品的研发过程中缺乏对设计的自主创新和品牌文化的重视。其次，很多户外运动装备与日常休闲装经常混淆使用。许多上班族穿着户外运动装，无须特定的户外运动环境，这就要求国内的户外运动品牌在追求轻便、保暖、防水等功能的同时，更注重时尚性和流行性的把握。

面对这样的市场现状，众多户外品牌开始不断调整自己的品牌开发理念和经营方式。凯乐石等品牌也意识到这一点，他们在产品研发过程中，重视国内市场的特殊性，更加注重独特文化的时尚元素的运用，并在国内的户外运动品牌中取得了优势地位。

近年来，中国户外用品市场零售额迅猛增长。各大户外品牌在销售额和市场份额上竞争激烈。其中，宾恩户外装、哥伦比亚、始祖鸟、探路者、狼爪、巴塔哥尼亚、土拨鼠、凯乐石、诺诗兰和骆驼等品牌在户外时尚运动用品市场中占据了重要的位置，共同推动了中国户外运动装备市场的持续发展。

四、未来的户外运动装

随着科技的高速发展和人们生活水平的不断提高，科技含量丰富的户外运动装备将会迎来快速的发展。未来，各种高科技的独特功能服饰将更加紧密地融入人们的生活。

（一）户外调温运动服装

户外调温运动服装是一项引人瞩目的科技创新。这种服装具有自动调节温度的功能，目前已经研发出一种可调温的新型面料。这种面料在身体周围形成一种隔热层，能够防止温度过高，并保持舒适的体感温度。此外，采用陶瓷微粒也有助于调节温度。这种面料不仅具备优异的防水性和透气性，还运用了最先进的湿度处理技术，能够有效吸收皮肤上的汗液并快速散发，使穿着者在各种环境中保持干爽舒适。穿上这种调温户外运动装，无论身处何种环境，甚至面对温度极度变化的情况，都不需要频繁更换衣物。户外运动装的颜色由暖色逐渐转变为冷色，而服装纤维的细孔也会从闭合状态转变为开放状态，以适应不同的气温（图1-6）。

图 1-6　2022 Yarnexpo 调温服装

随着调温户外运动装的推出，人们在户外运动时能够更好地适应不同的气候条件，不再受到温度的限制，获得更为便捷舒适的穿着体验。这样的科技进步必将进一步推动户外运动装备产业的发展，让人们在自然环境中享受到更多的乐趣和便利。

（二）户外变幻装

沃勒贝克（Vollebak），一家专注于高科技户外服装的公司，最近推出了一款前所未有的冲锋衣。这款冲锋衣的独特之处在于其表面镶嵌着超过 20 亿颗微小的无规则玻璃球体，当遇到光线时，这些玻璃球会呈现出七彩斑斓的色彩。这种颜色不断变化，每个人所观察到的颜色都不同，甚至在短短一秒之内，颜色也会发生变化。据 Vollebak 称，这款冲锋衣的灵感来源于"5 亿年的进化"，因此得名黑色鱿鱼夹克（Black Squid Jacket）。在光线下黑色鱿鱼夹克会呈现出彩虹色的生物发光现象。这款夹克不仅具有完备的防水和防风功能，还采用了三层结构。其外层覆盖的微小玻璃球体，能够将光线分散和反射，在光线昏暗的情况下，夹克呈现出较暗沉的外观，在强烈的光线下，它会展现出令人瞩目的彩虹般的闪亮效果（图1-7）。

沃勒贝克近期推出了一款引人注目的冲锋衣，据官方介绍，这款冲锋衣主要针对冬季运动，尤其适用于滑雪等户外活动。其设计独特，装备了超大口袋和宽松的板型，足够容纳保暖衣物，同时还搭载了兼容头盔的雨帽和高领扣，满足冬季运动所需的基本功能。此外，此冲锋衣在防水性能方面表现出色，达到了 10000 毫米的水压等级，符合优质冲锋衣的标准。虽然其性能十分可观，但人们购买这款冲锋衣的主要原因不仅在于其性能，更因为它引人注目的外观。这款冲锋衣最大的优势在于，穿着者在山顶的彩云之间将成为独一无二的风景线，从山脚下就能望见穿着这件冲锋衣的你，绝对是一道动人的风景。

图 1-7　Vollebak 黑色鱿鱼夹克

（三）环保运动服装

现在，环保运动服装正在开发一种新型的抗菌防臭技术。这项技术采用了微型球体胶囊，这些胶囊中含有特殊的化学物质。当身体温度达到一定程度时，这些化学物质会自动释放，抑制多种病菌的滋生，清除人体的臭味。

这种环保运动服装的纤维含有微小的胶囊，在服装制造过程中均匀地分布在纤维中，胶囊内部涂有高效的化学物质，这些化学物质具有抗菌和抑臭特性。当穿着者参与体育运动或剧烈活动时，身体产生的热量会激活微型胶囊内的化学物质。激活的化学物质释放出清新的气味，覆盖并中和由汗液引起的难闻气味。同时，化学物质也会阻止病菌在衣服表面滋生，从而保持服装的清洁卫生。这种技术不仅有助于提高穿着者的舒适感，还有助于减少对洗涤剂和频繁洗涤的依赖，从而减少对环境的影响。

环保运动服装的创新科技将有助于推动时尚行业朝更加环保和可持续的方向发展。减少洗涤频率不仅可以节省能源和水资源，还有助于减少对化学洗涤剂的使用，从而减少对自然环境的污染。这不仅使得环保运动服装成为一个时尚的选择，也成为对地球更加负责任的选择。

总的来说，环保运动服装采用微型球体胶囊技术，有助于减少服装洗涤频率，节约资源，降低环境污染，让我们在追求时尚的同时也更加关注地球的健康。

（四）户外运动装的发展趋势

户外运动装的发展趋势包括以下几个方面：

1. 款式趋势

现在的户外运动装款式相对保守，为了更好地保护穿着者，户外运动装逐渐采用修身设计，通过收腰设计、立体裁剪和控制放松量，使服装由宽松型转变为修身型。同时，添加拼接、印花等设计元素，赋予户外运动装更多的特色，增强时尚感、层次感和立体感。时尚化的设计成为未来户外运动装的一个趋势。

2. 色彩趋势

户外运动装通常选择高纯度和高明度的色彩，以表达运动休闲的风格，展现运动的活力和激情。近年来，户外运动装在色彩上更加大胆，采用强度对比和中强度对比，展现出青春的活力。时尚元素在户外运动装的色彩设计中得到更广泛的应用。

3. 面料趋势

户外运动装的面料选择越来越注重科技含量。最新的面料如 Core-Tex Paclite Shell，采用防油污及含炭成分的薄膜保护层，提供全天候多功能的保护，使得服装更便捷、手感柔软。面料的功能性也得到加强，如 100% 防水、防风、透气等特性。科技的创新推动着户外运动装的快速发展。

4. 功能趋势

户外运动装的核心特点是功能性。由于户外运动条件的限制，对服装的要求较高。户外运动时身体发热量较大，汗液增多，因此，要求户外运动装具备良好的散热和透气性能。此外，户外运动时可能遇到恶劣天气和环境，因此，防水性能是必备的。服装的轻便性也是考虑的重点，以减轻穿着者的负担。抗拉伸、抗撕破性、防臭抗菌和防污等功能也是户外运动装的关键要素。

综合来看，户外运动装的发展趋势在于将功能性与时尚性相结合，采用更加科技化的面料和设计，强调服装的保护性能和舒适性，同时注重色彩搭配和款式的创新，以满足消费者对于户外运动装的多样化需求。

第二节　户外运动装功能性设计

户外运动装在设计和科技相结合的推动下，不仅提供了非常规服装所具备的性能，如警示、安全防护和绿色环保，还不断完善了户外装的功能性，以满足户外运动爱好者更好的体验。在优化户外运动装的性能的同时，设计方面也扮演着至关重要的角色。以下是对户外运动装全方位优化设计的探讨：

1. 优化性能

通过引入高科技面料和创新科技元素，户外运动装能够提供警示功能，如在服装上加入反光材料，增强在夜间或恶劣天气条件下的能见度。同时，优化设计可以增强安全防护性能，如添加防撞垫、防刮擦层，保护穿着者在激烈运动中的安全。另外，注重环保的设计理念，采用可持续材料和环保加工工艺，减少对环境的影响。

2. 简化设计

优化设计要考虑户外运动者的实际需求，避免过多复杂的装置和操作，确保服装的使用便捷。例如，使用拉链、扣带等简单的设计，方便穿脱和调整，提高穿着者的舒适度和便利性。

3. 轻负重

户外运动者经常需要携带装备和负重，因此，优化设计要尽量减轻服装本身的重量，降低对穿着者体力的消耗，使得户外运动更加轻松和持久。

4. 时尚设计

传统的户外运动装在造型上可能显得较为保守，优化设计要在款式结构上进行创新，引入流行元素和时尚设计，使户外运动装在外观上更具吸引力，满足消费者对时尚性的需求。

5. 智能化元件

科技的发展为智能化户外运动装提供了可能。然而，在优化设计中需要注意智能元件的大小和适用性，避免过大的智能装置影响穿着者的运动自由和舒适感。

综上所述，全方位优化设计使得户外运动装不仅拥有卓越的性能和功能，还注重时尚和环保理念。通过科技与设计的结合，户外运动装能够满足户外运动爱好者对于性能、舒适度和时尚性的多样化需求，为他们提供更好的户外体验。

一、户外运动装的性能分类

户外运动装的设计应以安全舒适为基础，并综合考虑智能元件的合理组合。通过对户外运动装特征、分类和现状的分析，可以将其性能主要划分为四大因素：美观性、舒适性、绿色环保性和安全防护性。

（一）美观性

美观性在任何服装中都是重要的影响因素之一。传统的户外运动装款式相对较为保守，缺乏多样的款式结构变化。然而，现代户外运动装不仅要具备安全防护功能，还要注重时尚美观性，并引入多种设计手法，如立体剪裁、插片设计、开口设计等，使户外运动装更具时尚感。流行色彩的应用也能丰富户外装的外观。

（二）舒适性

户外运动装主要在户外环境下穿着，设计师必须关注着装者的身体和情感需求，同时了解户外运动过程中的穿着感受，并持续改进设计。在炎热环境下的户外运动，服装需要具备良好的透气性、吸湿排汗性和速干性；在干燥环境下，需要防静电和防辐射性，并根据运动幅度增加面料的弹性，确保穿着者的舒适感。在寒冷环境中户外运动装需要提供良好的保暖性。三层设计的功能体现，外层、中间层、内层需各自发挥作用，同时解决服装热应力。内层面料需要具备吸湿、排汗和速干性，确保中间层快速传递汗液，避免不适或冻伤。在设计智能元件时，需要考虑舒适性，选择适宜大小和接触方式，并处理好制作工艺，以最大程度减少对穿着者的干扰，确保服装的舒适性。

（三）绿色环保性

户外运动装的绿色环保性要求从研发生产的各个环节确保无污染且对穿着者安全无害。在优化设计过程中，应注意以下几点：

1. 面料的绿色环保性

选择面料要符合绿色环保要求，非直接接触皮肤的面料需符合技术安全指标 C 类标准。基本安全性能相关的有色牢度、pH 值、甲醛含量、耐水和汗渍等指标要符合 GB 18401 规定，其中户外服装甲醛含量至少符合 B 类标准；pH 值、甲醛含量、耐水和汗渍指标需符合 A 类标准。

2. 智能元件的绿色环保性

智能元件是户外运动装发展的主要趋势，然而，必须注意与服装的完美结合，尽量缩小智能元件体积并简化构造，以确保最佳穿着舒适性。智能元件应具备可拆卸性，以满足多样化的户外需求，并延长功能服装的使用寿命。

3. 制作工艺的绿色环保性

优化每个加工流程，降低对环境的污染。确保智能元件可回收利用，从根本上解决绿色环保问题。

综上所述，户外运动装的优化设计要综合考虑，才能更好地满足消费者的需求，并适应不断变化的户外运动市场。

二、户外登山服款式造型的功能性设计

（一）设计方法

户外登山服是一种特殊类型的服装，其设计方法必须兼顾功能性和美学，以确保穿着者在各种登山环境下保持舒适和安全。在设计户外登山服时，以下是一些重要的设计方法和原则：

1. 结构设计

登山服的结构设计需要考虑人体的运动幅度和特点。分割线的设计是关键，可以使用水平分割线和垂直分割线来强调运动感和美观性。不对称式和曲线分割线可以增加个性和美感。

2. 防风设计

登山环境复杂多变，防风性能是必不可少的。结合适当的面料和结构设计，确保登山服在强风情况下提供有效的防护，减少风寒对身体的影响。

3. 通风设计

由于户外登山容易出汗，通风设计是必要的。通过在服装适当位置设置透气孔、拉链或网眼，可以提供良好的通风效果，保持穿着的干燥和舒适。

4. 背负带设计

对于攀岩或背负重物的情况，背负带设计至关重要。它应该能够分散重量，减轻肩部和腰部的负担，确保舒适和稳定性。

5. 面料选择

面料的选择在户外登山服设计中非常重要。面料应该具备防水、透气、耐磨等特性，以适应不同的登山环境。面料选择应具备以下特性：

（1）透气排汗设计。优质面料应具备良好的透气性，让汗液快速排出，保持身体干爽，减少过度出汗导致不适。

（2）快干设计。面料的快干性能使湿润的服装快速干燥，避免湿冷环境对穿着者的影响。

（3）防风防水设计。登山环境多变，面料需要具备一定的防风和防水性能，确保穿着者在恶劣天气中得到保护。

（4）耐磨设计。登山运动中，服装容易受到摩擦和刮擦，耐磨性是面料的重要考量因素，确保服装寿命较长。

（5）弹性设计。面料需要具备一定的弹性，使得服装在活动中自然伸展，不影响运动灵活性。

6. 细节处理

细节处理可以提升登山服的实用性和美观性。例如，考虑到腰部的负重，可以在腰部位置加入调节带；在袖口和裤腿口设置紧束带，以避免风雪侵入。另外，适当的口袋设计可以方便携带必要的物品。优秀的户外登山服在细节处理上也做到精益求精，细节处理要符合实用性和美观性。重要的细节设计包括：

（1）大口袋设计。便于携带小型装备，如手机、地图、急救包等。

（2）防撕裂设计。在容易受到刮擦的位置增加防撕裂层，提高服装的耐用性。

（3）可调节设计。如可调节袖口、裤腰等，让穿着者根据需要灵活调整服装。

（4）反光设计。在暗光环境中提高穿着者的可见性，增加安全性。

（5）隐形拉链设计。使拉链在穿着时不突出，提高服装整体美观性。

户外登山服的款式造型设计涵盖了廓型设计、结构设计、面料选择和细节处理等方面。在追求舒适性、实用性和美观性的同时，户外登山服必须满足登山运动的特殊需求，为登山爱好者提供出色的穿着体验和保护。优秀的户外登山服款式设计不仅满足功能需求，还赋予登山装备更多时尚元素，使得登山运动更加多姿多彩。

如图 1-8、图 1-9 所示，两款男装采用直线分割、斜向分割和曲线分割设计，并通过色彩的反差增添时尚感，腰部的横向和纵向分割打破了原本的沉闷感，用彩色拉链的斜向分割起到画龙点睛的作用。分割线不仅使服装更加合体舒适，也展现出服装的美观性。另外，衣袖的分割线处采用了不同颜色的面料进行拼接处理，添加了服装的时尚感。如图 1-10 所示，裤子分割线主要体现在膝盖处采用了斜向分割设计，膝部增加了耐磨防污布与切割线相结合，不仅起到了防护作用，更添加了时尚感，打破传统裤子的呆板。另外，膝部褶裥的设计给膝部更灵活的屈膝空间。

登山服结构的另一个特点就是分层结构，也可以称为可拆分结构。服装分层的多功能效果可以把中层（保暖层）的抓绒衣与外层的夹克（防护层）合为一件服装，为适应各种环境的冷暖变化，可以拆开来穿。中层与外层的连接部位装加固件，可以在领口处、袖口处设有扣子或者拉链将抓绒衣与夹克连接，另外，分层两件服装使用拉链的设计能很好地固定，使服装更好的融为一体，让人们穿起来更加舒适。

如图 1-10 所示为凯乐石品牌登山裤，采用了拆分形式的设计，可在不同冷暖环境里进行随意拆分组合。长裤可以拆分为短裤，也可以在天冷时组合成长裤，连接处采用防水拉链将面料进行组合，增加防水功能，使服装更具有实用性。

图 1-8　始祖鸟登山服　　　　图 1-9　探路者登山服

图 1-10　凯乐石可拆分裤子

7. 颜色和可见性

登山服的颜色选择也很重要，明亮的颜色可以增加穿着者的可见性，提高安全性。同时，反光条或标识可以在低光环境下增加可见性。

(二) 户外登山服部位功能性设计

户外登山服的局部细节功能性设计对于提升服装的舒适性、实用性和美观性至关重要。以下将探讨登山服局部细节功能性设计更多方面：

1. 登山服衣领、连帽设计

登山服的衣领和连帽设计是户外服装中重要的功能性部位，尤其在秋冬季节，其防风防雨的性能显得尤为重要。以下介绍衣领和连帽设计的功能性特点。

（1）衣领设计。衣领作为登山服的上衣部分，直接接触颈部和下颌，对于防风和保暖起到重要作用。在户外恶劣天气条件下，防止风雨灌入衣领内部，能保持颈部和下颌的温暖。

（2）立领设计。立领是指领口高度较高，能够完全覆盖住颈部的设计。立领设计可以有效地防止冷风灌入衣领，保持颈部温暖。同时，立领设计还可以增加领口的密封性，防止外部湿气进入，保持衣服内部干爽。

（3）隐形拉链和按扣。为了提高立领的防风效果，登山服通常采用隐形拉链和按扣来加固和密封衣领。在衣领和帽子的连接处，增加隐形按扣和拉链，形成一个稳固的防风系统。这样的设计不仅增加了服装的功能性，还保持了整体的美观性。

（4）对称导水口。在领口左右各设有对称导水口，这种设计使囤积的雨雪能够顺利排出，避免水分在衣领内部积聚，保持颈部和下颌的干燥。

（5）连帽设计。连帽设计是登山服常见的防风防雨设计之一。户外登山环境多变，有时会遇到雨雪天气，连帽的设计可以提供头部的保护，防止雨水渗入头部和脖颈，同时还能增加整体的保暖效果。

（6）拆分式帽子。登山服的帽子通常可以拆分，方便根据实际情况选择是否佩戴。在后颈部位设有隐形拉链，并在帽子的左右两侧增加隐形按扣，这种设计可以灵活拆卸或固定帽子。在不需要佩戴帽子时，将帽子拆卸下来，减少不必要的束缚。

（7）内衬涤纶里布和网布。连帽内部通常加入涤纶里布和网布，以提供透气性。这样的设计不仅可以保持头部的温暖，还可以让头部保持干燥，防止汗水在帽子内积聚。

（8）弹性调缩绳。连帽的帽口部位通常设有弹性调缩绳，用来调节帽子的紧固度。这样的设计既能保证帽子的防风性，也能适应不同头部大小，增加了连帽的实用性。

2. 袖口、裤口、服装下摆设计

袖口、裤口以及服装下摆是户外登山服中防风防雨设计部位，在户外探险中起着至关重要的作用。在恶劣的天气条件下，这些部位可以有效地保护登山者免受寒冷和风雨的侵袭。

（1）袖口和裤口设计。袖口和裤口是登山服中最容易受到风雨侵袭的部位。因此，防风防雨设计在袖口和裤口上尤为重要。常见的防风袖口和裤口设计包括以下几种类型：

①合体式设计：合体式袖口和裤口与衣服整体连接，形成封闭状态，阻挡外部风雨进入。这种设计适合在恶劣天气下使用，有效地防止冷风灌入衣物内部，保持身体温暖。

②开放式设计：开放式袖口和裤口使用魔术贴或四合扣衔接，方便穿脱。在气候条件较为温暖的情况下，这种设计提供了更好的通风性，让穿着者感到更加舒适。

③收紧式设计：收紧式袖口和裤口使用松紧带或拉绳来调节松紧度，可以根据实际需求进行调整。在寒冷和刮风的环境中，收紧袖口和裤口可以有效地防止寒风灌入，保持身体温暖。

（2）下摆设计。登山服的下摆设计是保证整体防风功能的重要部分。在户外登山过程中，身体会因为攀爬不断地向前倾斜，这时后片衣身会上移，形成一个开口，容易让冷风侵入，影响登山者的体感温度。为了增强登山服的防风效果，下摆设计通常采用以下方式：

①弹力绳：在下摆处缠绕一周的弹力绳可以有效地收紧衣服，使其更紧密地贴合身

体。这样的设计不仅可以防止冷风进入，还能防止雨水和雪花渗透到衣物内部。

②吊钟：吊钟是下摆设计的重要组成部分，用来调节下摆开口的大小。登山者可以根据实际情况调整吊钟，使下摆紧密贴合身体，提高防风效果。

③气眼：在下摆处设置气眼，使内部空气得以流通，避免积聚潮湿和防止过度闷热。这样的设计在户外活动中非常实用，保持身体干燥和舒适。

通过袖口、裤口和下摆的设计，户外登山服可以有效地抵御寒冷和风雨的侵袭，保持登山者的体温，增加登山服的实用功能。在登山过程中，保持身体干爽和温暖至关重要，这些设计细节使登山服成为登山探险者不可或缺的护身装备。无论是在寒冷的高山环境还是恶劣的天气条件下，合理的袖口、裤口和下摆设计都能让登山者享受更加愉悦和舒适的户外经历。

3. 口袋与拉链的设计

口袋与拉链的设计是户外登山服中最实用和重要的功能设计之一。在登山过程中，登山者需要携带各种必备物品，如手机、导航工具、食物、水壶等。合理的口袋设计可以方便登山者随时取用这些物品，并确保它们安全可靠地储存，不受外部环境的干扰。除了实用功能外，口袋与拉链的设计要注重时尚元素的添加，使登山服在功能性的基础上，兼具时尚美观，如图 1-11 所示。

（1）大容量多口袋设计。户外登山服的口袋设计要求容量大并且多样化，以满足登山者在不同环境下的携带需求。常见的口袋类型包括斜挎口袋、立体口袋、胸前暗袋、臀部口袋等。这些口袋的设计使登山者方便存放各种物品，提供足够的储存空间，确保登山者在活动中不会因物品的丢失而受到困扰。

（2）防水防护设计。在户外登山活动中，天气变化多端，防水功能尤为重要。许多知名户外运动品牌采用先进的技术，如激光切割、无缝压胶技术等，将防水材料应用于口袋的设计中。同时，采用密封防水拉链对口袋进行巩固处理，使袋具备优异的防水性能。特别是在雨天或湿润的环境中，防水口袋可以保护物品免受水侵，保持其干燥和完好（图 1-12）。

图 1-11　哥伦比亚户外服口袋设计

图 1-12　ENSHADOWER 防水口袋设计

（3）时尚美观设计。除了实用性，口袋与拉链的设计也应注重时尚元素的添加。户外登山服作为一种功能性装备，也是一种时尚的穿着，因此，在设计中融入时尚元素，增加服装的美观性，使登山服不仅能满足功能需求，还能展现登山者的个性和品位。

（4）安全暗袋设计。安全性也是口袋设计的重要考虑因素。一些户外登山服采用暗袋设计，将口袋隐藏在衣物内部或采用不易被发现的位置，使物品更加隐蔽和安全。尤其对于贵重物品，如钱包、手机等，采用暗袋设计可以减少被不法分子盯上的风险。

（5）女性登山服的设计。对于女性登山服，口袋的设计除了具备防水和实用性外，要注重美观和细节处理。常见的女式登山服在胸前采用暗袋设计手法，使用压胶的处理技术，搭配防水拉链，保证口袋功能性的同时增添时尚感。

4. 门襟设计

门襟设计在服装制作中扮演着至关重要的角色，不仅影响服装的时尚性，还直接关系到服装的功能性，尤其是防风防雨性。登山服门襟设计的三种常规形式：对襟、叠门襟和覆盖式门襟。

（1）门襟是指位于衣物或裤装前正中的开襟或开缝部位，通常是便于穿脱的位置。在门襟的设计中，常见的形式主要有三种：对襟、叠门襟和覆盖式门襟。无论采用哪种形式，门襟都处于服装的正前方，使得穿着者在穿脱服装时更加方便。为了提高穿着者的舒适度和保暖性，设计通常会选用拉链、纽扣、魔术贴等辅料进行连接，不仅美观实用，还能有效防止风雨侵袭。

（2）对襟门襟设计。对襟是指衣服的前襟分别位于左右两侧，通过纽扣或拉链相互对称固定。这种门襟设计常用于衬衫、西装等正式场合的服装，传递出一种庄重、端庄的感觉，使着装者看起来更加整洁和得体。对襟门襟设计简洁而经典，因此，在许多传统和正式的场合得到广泛应用。

（3）叠门襟设计。叠门襟是指两片衣物相互交叠，通过纽扣或其他固定方式连接。这种门襟设计常见于大衣、风衣等外套类服装。叠门襟不仅可以增加服装的密封性，提高防风保暖性能，还能为穿着者带来时尚的外观。在寒冷的天气中，叠门襟能够有效阻挡寒风，确保穿着者在户外能保持温暖舒适。

（4）覆盖式门襟设计。覆盖式门襟是指一片衣片通过纽扣或其他固定方式完全覆盖在另一片衣片上。这种门襟设计常见于户外登山服等功能性服装。在户外活动中有防风防雨的需要，覆盖式门襟能够有效地增加服装的密封性，防止风雨渗透。除此之外，覆盖式门襟还能起到装饰的作用，使户外服装更具时尚感和独特性。与其他形式相比，覆盖式门襟设计不仅保暖而且更加舒适，避免了拉链等辅助装置对穿着者造成的不适。

对于户外登山服来说，门襟设计是要考虑的因素。登山者经常面临恶劣的天气条件，因此，服装必须具备出色的防风防雨性能。覆盖式门襟设计在这方面表现尤为出色，不仅能有效地抵御恶劣天气的侵袭，还能为登山者带来更好的穿着体验。

（三）登山服的色彩设计

色彩在登山服设计中不仅影响穿着者的心理感受和情绪，还具备警示和辨识功能。登山服设计不仅要追求美观和时尚，还需要考虑户外环境的特殊要求，因此，色彩选择的功能性作用显得尤为重要。

在色彩心理学的角度，我们知道暖色系和冷色系会给人不同的感受。暖色系如红色、橙色和黄色赋予服装热情、热烈和激情的感觉，而冷色系如蓝色、绿色则带来冷静、严肃和稳重的感觉。对于登山服这种户外功能性服装而言，色彩的选择需要考虑到这些心理感受，以确保穿着者在不同情况下能够保持积极和冷静，如图1-13所示。

图1-13　哥伦比亚登山装色彩搭配

目前，许多户外登山服品牌普遍采用高纯度的冷暖色系进行设计。撞色系组合是常见的设计风格。例如，在设计中大面积地运用蓝色和粉色、蓝色和橙色等颜色，这样的撞色设计会给人带来强烈的视觉冲击，同时通过黑白两色进行调和，使得色彩达到一种和谐的状态。相邻色的组合也是常见的设计方式，如蓝色和紫色，它们给人以和谐之感，没有过大的色彩反差，但可以通过橙色的拉链进行色彩碰撞，增添一份活泼之感。另外，无彩色系的设计组合也很流行，通过黑白两色进行碰撞，营造时尚感和简约风格。在户外环境中，色彩的功能性设计更加凸显其重要性。

警示功能是登山服色彩设计中必须考虑的因素。鲜艳明亮的色彩，特别是红色、橙色和黄色，在自然环境中十分醒目，有助于他人快速发现穿着者的位置，在发生意外或者需要寻求帮助时，鲜艳的警示色彩可以吸引他人的注意，增加生存的概率。

辨识功能也是登山服色彩设计的一个方面。在登山队伍中，成员穿着相似的服装，辨识度非常重要，通过服装上明显的图案、标志或特定颜色，可以让队友们在复杂地形和恶劣气候中迅速识别彼此，避免迷失或走散。这对于确保团队安全以及协作高效至关重要。

除了警示和辨识功能，色彩的设计还要考虑户外环境的特殊性。例如，在高山上，阳光辐射强烈，白色和其他浅色调能够反射太阳光，有助于保持身体凉爽。而在寒冷的高山气候中，橙色和红色可以为穿着者带来一种温暖的感觉，同时也增加了视觉上的温度感。

三、户外滑雪服款式造型的功能性设计

（一）滑雪服装的功能性体系

滑雪服装作为一种专门为滑雪运动设计的户外服装，在功能性体系上与其他户外服装有着显著的区别。滑雪服不仅需要满足运动者对时尚性的需求，更重要的是注重防护功能的设计，包括防寒保暖、防风防雨等功能。在滑雪服的设计中，结构、面料、色彩和配件等方面都需要进行具体的功能性设计，以满足滑雪运动者在极端环境下的需要。

1. 结构设计

滑雪服的结构设计必须要考虑其功能性。滑雪运动需要大量的身体活动，因此，滑雪服的结构要能保证运动的灵活性和舒适度。通常滑雪服采用分层设计，包括内层、保暖层和外层。内层用于调节身体温度，排出汗液，保持身体干燥舒适；保暖层采用高效保暖材料，如羽绒、保暖棉等，提供足够的保暖性能；外层则要具备防风、防雨功能，同时也要保证透气性，防止滑雪者在运动时过度出汗。滑雪服的剪裁和设计还要考虑到运动者的活动范围，确保穿着者在滑雪过程中具备灵活性和舒适感。

2. 面料选择

面料的选择对滑雪服的功能性至关重要。面料要具备防水、防风、透气等特性，以确保滑雪服在雪地和恶劣气候下有效保护身体。常用的面料有高科技防水透气面料，如Gore-Tex、eVent等，它们在有效防止雨水和雪水渗透的同时让汗水蒸发，保持身体干燥。面料的质地和透气性也会影响着滑雪服的舒适性和耐用性，因此，在面料的选择上必须慎重。

3. 色彩设计

色彩在滑雪服的功能性设计中起到了重要作用。明亮的色彩，特别是红色、橙色和黄色，不仅可以提高滑雪者在雪地中的可见性，减少意外发生的可能性，还可以带来积极和愉悦的心理感受。此外，色彩的设计还可以区分不同的滑雪者，如教练、新手和专业滑雪者，以便更好地组织和管理滑雪者（图1-14）。

4. 配件设计

配件也是滑雪服功能性设计中的部分。帽子、手套、护目镜等配件的设计必须考虑到滑雪者在寒冷和恶劣天气中的保护需求。例如，高质量的护目镜可以有效防止刺眼的阳光和风雪，保护滑雪者的视力。手套的设计要保持手部的灵活性，同时具备保暖和防水功能。

图1-14 北面（The North Face）滑雪服

在极端环境下，滑雪服需要提供充分的防护功能，同时满足滑雪者对时尚性的要求。合理的结构设计、高质量的面料选择、明亮的色彩搭配和实用的配件设计，共同构成滑雪服的完整功能性体系，为滑雪者提供舒适、安全和时尚的滑雪体验。

（二）滑雪服装功能性设计

1. 结构功能性设计

滑雪服作为专门为滑雪运动设计的户外服装，结构功能性设计至关重要。在滑雪运动中，穿着者需要在寒冷的冰雪环境下保持舒适和保暖，同时还需要具备防护功能，以应对恶劣的天气条件。因此，滑雪服的结构设计必须考虑排汗、保暖和防护等方面的需求。滑雪服通常由内而外分为排汗层、保暖层和防护层三层。

排汗层位于最内层,主要作用是在运动过程中将身体产生的汗液迅速排出,保持身体干燥,因为湿润的皮肤容易导致身体失去热量,增加感冒和受凉的风险。因此,排汗层的面料必须具备吸湿、透气和毛细管效应等特性,以有效排出汗液。

保暖层位于排汗层之上,主要作用是提供足够的保暖性能,使穿着者在寒冷的冰雪环境中依然可以保持温暖。在滑雪运动中,穿着者通常处于高强度的运动状态,因此,滑雪服的保暖层必须既具备保暖功能,又要轻便舒适,不影响运动的灵活性。常见的保暖层材料有羽绒、保暖棉等,它们具有轻盈保暖的特性,使滑雪者在寒冷环境中依然能够保持体温。

防护层是功能性设计的重点。外层必须具备防风、防雨、透气等特性,以保护穿着者免受恶劣天气的影响。外层的款式结构上,领口通常采用直立的开口高领,并能收紧防止冷空气进入身体。门襟拉链的外侧要有挡风板结构,防止风、雪从拉链缝隙进入服装内。袖口和下摆采用松紧设计,防止风、雪灌入,造成身体不适。门襟通常使用大拉链,方便穿脱。肘部拼接通常采用弹性面料和耐磨面料,使滑雪运动更加自由舒适。滑雪裤的裤腿设计为侧开口双层结构,内层带有防滑橡胶的松紧收口,能紧绷在滑雪靴上,有效防止进雪。外层内侧拼接耐磨硬衬,防止滑行时滑雪靴互相磕碰导致外层破损。侧开口还方便滑雪鞋的穿着。

2. 材料功能设计

滑雪服是为了适应极寒环境和高强度运动而设计的特殊户外服装,其材料的选择和使用必须符合滑雪服对生理机能、防护性能和耐久性能的要求。

首先,生理机能需求是滑雪服材料设计的重要考量。除了基本的防水、防风和保暖要求外,滑雪服对材料的透气、透湿性有很高的要求。在高强度的滑雪运动中,穿着者会产生大量的汗液,如果服装不具备良好的透气性,汗液无法及时排出,会导致身体湿冷不适,增加感冒和受凉的风险。因此,滑雪服的材料选择通常会采用高科技防水透气面料,如 Gore-Tex 和 eVent 等。

其次,防护性能需求也是滑雪服材料设计的重要方面。在滑雪运动中,下装往往会受到较多的摩擦和接触,特别是在滑雪板和雪地之间。因此,滑雪服的内层材料通常会选择天然的棉质和羊毛针织物,这些材料柔软亲肤,有助于保护皮肤免受磨损。此外,抗静电性能也是滑雪服应该具备的基本性能。在干燥的冰雪环境下,静电容易产生,静电对人体和设备都可能造成损害,因此滑雪服的材料会采用抗静电处理,减少静电的产生。

最后,耐久性能需求也是滑雪服材料设计要考虑的因素。滑雪运动是一项高强度的户外活动,穿着者在雪地中行走、滑行和转弯,衣物会受到较大的拉伸、摩擦和撕扯。因此,滑雪服的外层面料应具备一定的抗磨损、抗撕裂、抗断裂和抗拉伸等性能,以确保服装在恶劣环境下能够经受住考验。常用的耐久性较好的面料包括尼龙和涤纶,它们具有较强的强度和耐久性,适用于滑雪服。滑雪服材料的功能性设计将不断创新和完善,为滑雪运动者提供更加优质和舒适的滑雪体验。

3. 色彩功能设计

在滑雪运动中,运动者需要面对一定的风险,因此,滑雪服设计必须注重安全性。色彩选择对于提高穿着者的辨识度和保障其安全至关重要。在选择滑雪服的色彩时，应避免使用白色或与雪反差小的色彩，应该选择暖色、高明度、高纯度的色彩为主色，以确保穿着者在雪地环境中容易被他人注意到。

滑雪运动大部分情况下是在雪地环境中进行的，白色是主导色调。如果滑雪服的主色调也选择白色，那么在雪地中就会失去色彩反差，让穿着者变得难以被其他滑雪者或救援人员注意到。因此，滑雪服的主色调应该避免选择白色，采用较为醒目的颜色，如红色、橙色、紫色等暖色调。这些颜色在白色雪地上形成明显的对比，能够更好地吸引他人的目光，增加穿着者的可见度。

此外，高明度和高纯度的色彩也有助于提高滑雪服的辨识度。明度是指颜色的明暗程度，高明度的颜色更加明亮醒目；而纯度则指颜色的纯粹程度，高纯度的颜色更加饱满鲜艳。在选择滑雪服的主色调时，可以优先考虑高明度和高纯度的色彩，使滑雪服在雪地中更加显眼，让穿着者在复杂的雪地环境中更容易被识别和寻找。

日本学者左藤亘宏对于滑雪服色彩的易见度进行了总结，他认为在白色背景（雪地）上，物体的易见度顺序为黑、红、紫、红紫、蓝。因此，红色和黑色是比较明显的颜色，可以作为滑雪服的主色调。这些颜色不仅在雪地中有很好的对比效果，还能够在日光照射下提高可见度，减少意外事故的发生。

滑雪服的色彩设计除了安全性考虑外，还要考虑时尚性和个性化需求。滑雪服的色彩设计应该符合时尚潮流，吸引年轻一代的喜爱，并且满足不同滑雪者的个性化需求。可以采用配色组合、图案设计等方式，让滑雪服既安全实用又时尚美观。

4. 滑雪配件的功能设计

滑雪配件是滑雪服装的重要组成部分，滑雪配件设计的功能性要求：

（1）滑雪镜。滑雪镜是滑雪运动中不可或缺的配件。其设计要具备多重功能：

①滑雪镜要能有效防止冷风对眼睛的刺激，特别是在高速滑行时，冷风会让眼睛感到不适影响视线。

②滑雪镜镜片要能有效阻挡紫外线对眼睛的灼伤，因为在高山环境中，紫外线辐射很强烈。同时，滑雪镜的镜片要采用防雾设计，以防止镜片在低温环境下起雾，影响视线清晰度。

③滑雪镜的设计要考虑到安全性，确保在跌倒或碰撞后不会对脸部造成伤害。

（2）滑雪帽。滑雪帽在滑雪运动中起到保暖和防风的作用。最佳的滑雪帽设计是采用弹性较好的绒线帽，它能紧贴头部及耳朵，不易松脱。这样即使在剧烈运动中，帽子也能保持稳固，不受外界风寒的侵袭。套头式的滑雪帽是较好的设计，因为没有松紧带或帽绳，能够完整地包裹住头部，防止冷风对脸部的吹拂。另外，滑雪帽的内部材料应该柔软舒适，不会导致头部不适。

（3）滑雪手套。滑雪手套是保护双手免受寒冷和摩擦的重要配件。滑雪手套的设计要兼顾保暖和灵活性，既能防寒又不影响滑雪者的手部活动。手套的保暖性能可以采用保暖棉或羊毛内衬，确保手部在低温环境下保持温暖；而外层材料应该具备柔软、耐磨和防割伤的特性，因为滑雪过程中双手容易与雪地、滑雪杆等物体接触，需要有一定的保护措施。另外，手套的手指部分应该灵活度较高，方便滑雪者握杆和操作装备。

合理的配件使用能够使滑雪者在寒冷的雪地环境中享受到更加舒适和安全的滑雪体验。

5. 滑雪服装的发展趋势

滑雪服装的发展趋势会不断朝着集高科技和美学于一体、多功能性方向发展。

（1）滑雪服的高科技性在面料的选择和创新方面越来越重要。现代滑雪服更倾向于采用高科技面料，以满足滑雪者在极端环境下的需求。这些面料拥有多种功能，如抗微生物、湿度控制、拉伸弹性、防水透气、防火阻燃、控制温度、高强耐穿、防紫外线等。高科技面料的运用能够为滑雪服装提供更多的性能，刺激消费者的购买欲望。

（2）滑雪服装越来越注重美学设计。流行时尚元素逐渐融入运动服装的设计中，滑雪服装不再只是关注功能性，也强调视觉效果。设计师将时尚元素与高科技面料相结合，创造出既具备高功能性又时尚美观的滑雪服装。这样的设计吸引了更多年轻消费者的关注，使滑雪服装成为时尚运动装备的代表。

（3）多功能性是滑雪服装发展的重要方向。现代消费者越来越重视服装的多用途性，滑雪服装也不例外。一件好的高性能滑雪服不仅能在寒冷的冬季保暖，还可以在潮湿的雨季穿着，或者跨季节穿用。它应该具有冬天保暖夏天凉爽的舒适性能，实现一衣多用的效果。另外，滑雪服装的多功能性还表现在穿用场合的多样性。例如，设计师们开始推出滑雪服装，不仅适用于滑雪运动，还能在日常生活中穿着。这样的滑雪服装兼具日常装的审美要求和滑雪服装的功能性要求，拓宽了滑雪服装的使用范围，为消费者提供更多选择。

四、户外骑行服款式造型的功能性设计

随着人们对绿色、健康生活方式的不断提升，越来越多的人加入了自行车骑行的行列，将骑行作为一种健康的出行方式和运动方式。在骑行过程中，骑行服成为骑行者的基本装备，不仅能提供舒适的穿着体验，还对身体具有一定的防护作用。研究表明，紧身运动服对于骑行运动状态的人体有着积极的影响，它可以减少血乳酸的集聚，缓解肌肉酸痛，降低在高速骑行过程中的阻力，提高骑行的效率和舒适性。

紧身骑行服是最贴近人体皮肤的骑行装备，紧密贴合的设计有助于减少空气阻力，提高骑行速度和稳定性。同时，它还能有效地保护皮肤免受紫外线的灼伤和晒伤。紧身骑行服的透气性能够及时将身体散发的热量和汗液排出，保持干爽舒适的穿着感受。然而，在骑行过程中，尽管紧身骑行服对于减少慢性运动损伤起到了积极的作用，但仍然难免出现一些局部的运动性损伤，比如臀部痛、膝盖痛以及肌肉酸痛等。因此，研发适合人体骑行运动的功能性骑行服装变得非常必要。这种功能性骑行服装应当兼顾骑行者的健康和运动需求，能够在减少骑行中产生的生理疲劳和运动损伤的同时，满足其运动性能的要求。

对于功能性骑行服装的研发，可以从以下几个方面进行考虑：

（1）材料选择。选用高科技的面料，具有透气性、吸湿排汗、快干等特性，能够有效地保持骑行者的身体干爽舒适。

（2）紧身贴合。确保骑行服与身体完美贴合，减少空气阻力，提高骑行的效率和稳定性。

（3）健康防护。在设计中考虑骑行者在骑行过程中常见的损伤部位，采用合适的加强和保护措施，减少运动性损伤的发生。

（4）弹性和舒适。确保骑行服具有良好的弹性，能够适应不同骑行动作和姿势，提供舒适的穿着体验。

（5）风格设计。结合时尚元素，设计出款式时尚、个性鲜明的功能性骑行服，获得更多骑行者的喜爱。

（一）骑行服运动特征分析

基于当前骑行服的特点，从骑行姿势和人体运动特征两个方面分析骑行运动的特征，为紧身骑行服的功能性设计提供构想和指导。

1. 骑行动作分析

骑行动作是自行车运动中非常重要的一部分，直接影响骑行者的舒适度、骑行效率和运动效果。虽然没有固定的标准骑行动作，但通过分析和了解骑行者的具体情况，可以找到最适合个人的舒适动作。

在骑行动作中，骑行者通常会将头部向前倾斜，这有助于降低风阻，减少骑行时的阻力，提高骑行效率。同时，骑行者会收紧腹部和挺直骨盆，以便弓腰，增加上半身的弯曲度。这样的动作可以使人体肌肉和骨骼得到放松，减轻骑行时的疲劳感（图1-15）。

双臂在骑行动作中也扮演着重要的角色。骑行者会让双臂自然弯曲，轻松握住把手，保持放松的状态。这样的动作不仅有利于保持稳定，还能减少手部的压力，避免手部疲劳和不适感。

图1-15 Q36.5骑行服

2. 人体特征分析

骑行运动是单一动作的循环往复，在骑行过程中，身体的上下肢体分工不同，上肢和躯干主要是控制骑行方向并处于静止性支撑状态，而下肢的活动量较大，是主要提供前进的动力。所以，骑行运动不仅要靠腕关节、掌关节、髋关节、膝关节、踝关节等，还需要下肢肌肉群的整体作用，肌肉对于加速具有促进作用。因此，大多数紧身类运动服装会施加压力于肌肉，提高运动效率。除了关节、肌肉外，还需要考虑人体体表皮肤的变形。人体的骨骼由具有不同活动范围和方向的关节连接而成，关节活动带动肌肉的收缩与膨胀，导致体表皮肤的变形。皮肤的拉伸量是紧身类服装松量设置的主要依据，是骑行服提供自由运动度的关键所在。

（二）骑行服功能性优化设计

在骑行服的开发中，人体皮肤变形量的大小在动态运动下成为服装宽裕量设计的理论基础，尤其对于功能性紧身类服装而言，这一点显得尤为重要。另一方面，动态压力舒适也是骑行服设计中的关键考虑因素。除了关注服装的热湿舒适性外，合适的动态压力有助于提高骑行运动的速度，并满足生理性和运动性防护性的要求。因此，研究骑行服的压力大小及分布对于优化服装设计至关重要。近些年来，对服装压力舒适性的研究也逐渐兴起，不再局限于静态压力，还涉及动态压力的测试与模拟方法。然而，直接将动态压力舒适性研究用于优化骑行服设计的研究相对较少。

在骑行服的设计中，除了功能性考虑，服装的服用性与时尚性也扮演着重要的角色。骑行服的款式要求相对严苛，不仅要适应户外骑行环境，提供助力和提高功能性，还要满足人们对美感和个性的追求。因此，细节设计在骑行服的款式设计中显得很重要。服装设计中的点、线、面、体等要素对骑行服而言，线条设计是关键。

不同线条的运用在服装设计中，能够产生不同的效果。服装整体廓型所呈现出的线条以及局部装饰所呈现的线条能够体现服装的运动特点。通过整合不同的线条节奏、线条形状和线条组合方式，可以形成独特的骑行服设计风格和个性特点。特别是分割线的设计，可以在运动时帮助分担服装压力，避免影响人体正常的呼吸运动。以人体结构为设计基础，避开运动肌肉，在特定肌群进行包裹，使之联结成一个整体，提高运动效率，减少能量消耗和肌肉损伤，同时使身体更加流线型，减少阻力。考虑到人体各部位表面积的比率，尤其是躯干及下肢部位表面积占比较大且对排汗要求较高，分割线的运动辅助功能在这些部位有着更高的要求。通过在透气面料与弹性面料的拼接设计中运用分割线，能够优化骑行服的款式，迅速将汗液蒸发，保持身体干爽舒适。

在优化设计中，衣领设计也需要考虑。传统较低的立领设计可能会降低颈部的防晒效果。为了提高颈部的防晒性和防风保暖性，可以采用弧形的双层领口设计，使领部更加贴合颈部，同时起到防风、防雨、防雪和抗紫外线的作用。此外，在颈部前屈时，领口的包头设计能够保护颈部，增加活动的灵活性。

（三）发展趋势

1. 结合人体延伸、动态服装压力和面料力学性能的综合研究

研究人体延伸、动态服装压力和面料力学性能是实现一款成功骑行服的关键。目前对于骑行服结构的研究仍处于基础阶段，通常以人体皮肤延伸量或服装压力舒适性为基础，然而，要进一步提高骑行服的功能性，必须深入研究人体延伸、动态压力分布规律以及面料的力学性能三者的综合关系，以更科学的理论来优化现有骑行服的结构。

在骑行服设计中，结构和面料的选择是相辅相成的。虽然目前已经考虑了人体皮肤延伸量和服装压力舒适性，但要实现更高水平的功能性，需要深入研究三个要素的综合影响。首先，人体延伸量在动态运动时会发生变化，因此需要全面了解不同动作下的延伸特点，以确保骑行服在不同运动状态下保持舒适合身。其次，动态服装压力的分布规律对于

骑行体验至关重要。适当的动态压力分布可以提高骑行效率，同时满足人体生理和运动性的保护需求。最后，面料的力学性能也直接影响着服装的舒适性和耐用性。了解不同面料的强度、弹性和透气性等特性，有助于选择合适的面料以实现更优质的骑行服。

2. 计算机自动生成纸样研究

服装作为传统制造业面临着日益激烈的竞争，特别是对于基于运动防护的弹性紧身骑行服，其功能性要求较一般服装更高，而且由于人体体型差异较大，定制化需求也在增加。将传统服装制造与现代信息技术相结合，运用服装三维虚拟试衣技术，实现自动生成具备骑行运动功能性的弹性紧身服装，将会给企业带来巨大的优势。

服装三维虚拟试衣技术，可以根据不同人体体型生成合适的纸样，使弹性紧身骑行服在穿着时更加贴合、舒适，提高其防护性和运动性能。这种自动生成纸样的方法可以极大地提高服装制作的效率和准确性，减少人工制作纸样的时间和成本。同时，在服装制造过程中，通过对面料的选择及合适服装宽裕量的设定，可以直观显示服装在人体不同部位的压力分布情况，并且可以模拟和分析服装在不同运动状态下的压力分布规律，为紧身服装制造提供合理的设计指导。这样的优化设计将使弹性紧身骑行服在运动过程中更加贴合、舒适，同时能够提供有效的运动防护功能。通过计算机自动生成纸样，并结合现代信息技术的应用，可以有效提高弹性紧身骑行服的功能性和定制化能力，满足消费者个性化的需求，为骑行爱好者提供更优质的服装选择和体验。

3. 基于运动生物力学的服装结构设计

弹性紧身骑行服的结构设计需要考虑基于运动生物力学的相关问题，如骑行动作下肌肉与骨骼的位移，以及与人体生理作用机制的关系。虽然已经对骑行裤垫进行了生物力学研究，但国内对于骑行服结构在运动生物力学方面的基础理论研究尚处于空白状态。为此，将生物力学应用于骑行服的研究中，结合肌电图学、解剖学和运动生理学，模拟人体在骑行运动时下肢骨骼肌肉表面肌电的变化情况，从而为骑行服结构设计的研究提供理论基础。

五、户外运动装细节设计的应用

户外运动服装的设计包括开口结构的设计。开口结构指服装表层能够完全或部分遮盖人体体表的开合方式，功能是方便穿脱、遮盖装饰与保护人体、防寒保暖、通风透气等，最终实现衣下空间的热湿平衡，使人体舒适。

户外运动服装的开口结构细节设计是指在服装中构成开口结构的各种元素，包括位置、结构状态、工艺形式和实用功能等。适当的开口细节设计有助于实现服装开口结构的功能，而合理的细节设计可以表达户外服装的整体造型，增强功能性，并赋予服装灵气、创意和美感，更好地展示户外服装的整体风格和个性特色。

(一) 户外运动装整体部位开口细节

1. 户外运动装常规开口部位

户外运动装常规开口部位与其他服装相同，如领口、门襟、下摆、袖口、裤口等部位，但除了这些部位外，户外运动装要更加注重开口细节设计，以体现户外运动装的防风雪、透气、保暖的功能，所以要更加注重开口结构的变化和细节的实用性设计。

2. **户外服装非常规开口部位**

（1）肩袖部位。肩袖开口设计是借助衣身与衣袖在肩部的分割和连接位置设计的开口形式，一般使用拉链进行开口与闭合。如分身袖结构中的肩袖开口结构，袖山与袖窿用拉链连接，不仅可以起到散热透气的效果，还能增加服装"一衣多穿"的功能。连身袖中的插肩袖结构，将开口设计在衣身与袖山的连接线上，并安装开合式拉链，控制与调节其开合程度。

（2）侧腋部位。腋下开口结构设计是目前大多数专业户外服装所采用的一种开口结构设计形式，被统称为户外服装的"腋下透气系统"，即在人体发热出汗较多的腋窝处，将服装衣袖和侧缝所经过人体的腋窝处开口，用拉链开合，使用时拉开拉链进行通风透气，闭合拉链则保暖防寒。

（3）后背部位。后背开口结构一般在人体发热出汗较大的背部，利用以横向分割缝进行开口结构设计，在细节应用设计上，大多设计成层叠式的"覆式结构"，开口处隐藏于"覆式结构"之中，内衬网眼透气材料，当身体发热出汗时，则衣下空间的热湿气体便会通过网眼衬料，由开口处逸出，同外界进行空气交换，及时排出身体的热湿能量。

（4）衣缝部位。衣缝是服装衣片相互拼合连接的部位，可以体现在服装的任意结构部位，包括服装的结构线和分割线，在细节应用设计时，在相应连接部位加装拉链进行开口结构设计，或将开口设计成隐形口袋。在人体出汗量大的部位，利用衣缝开口和衣袋开口设计，能够加大户外服装的通风效果，通过控制与调节开口量的大小，从而更有效地散热散湿。

3. **户外服装非常规结构**

（1）户外服装的三层结构。户外服装采用三层结构，分别是排汗层、保暖层和防护层，它们分布在服装的基本层、中间层和最外层。这是户外服装与普通常规服装最显著的区别之一。排汗层位于基本层，其主要目的是保持人体肌肤的干爽和透气，因此，排汗性能是其主要功能。人们可以根据个人需求选择不同的领口设计，如圆领、V领、拉链式等。保暖层位于中间层，形成衣下空间，聚集空气，起到保持体温的效果。中间层的开口结构通常与最外层开口结构依附在一起，门襟通过拉链附着于最外层的门里襟上，形成"内胆款式结构"。领口、袖口和下摆的开口设计能够增加最外层开口的防风和保暖功能。中间层与外层分开时，也可以独立成为完整的服装。防护层是最外层，其主要功能是防水、防风、保暖和透气。除了将外界气候对身体的影响降到最低外，还必须将身体产生的水气排出体外，避免中间层内的热湿气体凝结，降低隔热效果，无法抵抗低温或冷风的侵袭。最外层的开口结构设计不仅需要考虑常规的开口设计，还要与中间层和基本层相配合。

户外服三层结构的最外层以防风、防水和透气为原则，尤其要注意风帽、口袋、袖口、拉链的防水密合性和缝线的封胶细节处理，确保在穿着时保暖层和排汗层能自如工作。保暖层以保暖为原则，选择能够阻挡衣内暖空气流失的材料，灵活应对不同天气和活动量的变化，实现根据需求增减保暖层的效果。排汗层以保持皮肤干爽为原则，着重于材料选择和开口设计，采用特殊编织物或吸湿透气性能强的纺织品材料，确保汗气排出并满足基本层结构的功能要求。

（2）户外服装的整体分割结构。户外服装的整体分割结构是户外服装设计思路的核心体现，与一般服装有明显区别。它将前后衣身、袖身和衣领看作一个有机整体进行考虑，而不是像一般服装那样将它们分别设计，然后再进行组合。这种整体构思的设计方法使得户外服装在分割和组合时更加灵活，可以实现对称和不对称的衔接。

分割设计是户外服装中必不可少的结构设计手法，它可以将衣身进行分割，通常包括直线分割（水平分割和垂直分割）、斜线分割和弧线分割等类型。直线分割在前后衣身上较为常见，斜线分割则可以将衣袖与衣身连为一个整体，弧线分割则要求将衣身、衣袖和衣领通过弧线进行串联。

分割设计常伴随着色块的拼接和不同材料的组合，以突出服装的功能性结构。在结构设计时，分割位置的选择不仅要考虑设计的创意，还要兼顾结构的合理性，将结构功能要求融入其中。例如，在人体最易发热出汗的部位，如前胸、后背、侧腋、手臂内侧等，需要设计开口结构，以保持服装的通风透气性。口袋的位置，常见的做法是将口袋隐藏在分割线之中，这样不仅美观，还满足了人体活动的要求。

整体分割结构还要考虑适合人体形状和活动要求。在人体活动的关节位置，一般会有特殊结构设计，如褶裥、省道、分割等，以适应人体肢体的形状和活动空间的要求。例如，女性户外服装常常使用"连省成缝""公主线分割"和"刀背分割线"等，展现女性的体态。衣袖的造型也常常经过精心设计，以便弯曲手臂的动作。

户外服装的整体分割结构是一种创新的设计思路，能使服装在结构上更加合理。通过精心的分割和组合设计，户外服装能够兼顾功能性和美观性，满足户外活动的特殊需求，为户外运动爱好者提供更加优秀的产品。

（二）户外运动装开口结构的工艺

1. 有缝压胶工艺

有缝压胶工艺是户外运动装中常用的一种缝纫技术。它在裁片拼合部位先进行有线缝合，然后倒缝或分缝，在缝迹处使用压胶机压上一层防水胶条，以达到防水和加固的作用。这种工艺不仅适用于开口处的防水细节处理，还可以用于服装的其他部位，以满足不同的工艺要求。

近年来，随着户外服装对"轻量化"要求的增加，有缝压胶工艺也在不断创新与发展。在过去，缝制时拼合的分缝宽度通常为1厘米，现在缩减至约0.3厘米，这一改进不仅减少了布料的使用，降低了材料成本，还能在一定程度上减轻户外服装的重量，使服装更加轻便舒适。

有缝压胶工艺的优点是：防水性能和加固效果。通过在缝线处添加防水胶条，可以有效地防止雨水渗透，确保身体在户外运动时保持干爽。同时，压胶工艺也可以增强缝合处的耐用性，使户外服装更加耐用，能够经受更多的户外活动和环境的考验。

有缝压胶工艺还具有一定的美观性。防水胶条可以与服装的面料相匹配，使得缝线处看起来更加整洁，不仅提升了户外服装的外观，也提高了产品的档次和竞争力。

然而，有缝压胶工艺也存在一些挑战和限制。首先，工艺的复杂性和专业性要求较高，需要有经验丰富的缝纫师傅进行操作，这增加了生产成本。其次，由于防水胶条的使用，服装的透气性可能会受到一定影响，这需要在设计和选择材料时做出权衡，以确保服装在防水的同时仍能保持一定的透气性。

总体而言，有缝压胶工艺是户外运动装中一项非常实用的技术，随着技术的不断创新和发展，相信有缝压胶工艺将继续在户外服装行业中发挥更大的优势，满足人们对高品质、舒适、功能性的户外装备的需求。

2. 无缝拼接工艺

无缝拼接工艺是户外服装制作的先进技术，它在服装衣片拼接时不需要传统的缝合，而是通过胶条黏合或面料间的熔合粘连来完成衣片间的拼接。这样的工艺技术有着独特的优势，使户外服装在防水性、稳定性和美观性方面都得到了很大的提升。无缝拼接工艺包括超声波无缝拼接工艺、超声波无缝压胶工艺和无缝热压贴工艺。

（1）超声波无缝拼接工艺。这种工艺是将服装衣片拼合处叠在一起，使用专用设备将拼合面溶化互融，类似于机械工艺中的"焊接"方法。这样拼接的特点是两层面料缝份边缘融合连接，具有密封性好、稳定性高、焊切同步的优点。然而，由于拼接处缝份较厚，有时需要额外加固处理，材料也需要具有一定的热塑性。

（2）超声波无缝压胶工艺。这种工艺要运用激光裁剪或使用超声波切边工艺，使裁片的边沿整洁圆顺，然后将两块需要拼合的衣片按最小缝份搭在一起，中间放置热熔胶膜，通过专业设备融化胶膜，使之充分渗入两层面料纤维间，达到纤维分子间的黏合。这种工艺特点是缝份牢固、平整，具有最强的防渗透功能，适合开口结构工艺要求。

（3）无缝热压贴工艺。这种工艺不需要通过传统的缝制工艺，而是在两层面料间夹热熔胶膜，通过专业设备施加一定的压力与温度，使胶膜充分熔化并渗透到两层面料之中形成牢固的接缝。这样的工艺加强了户外服装开口结构的防水性能，如在传统防水拉链的缝制过程中可能存在针孔，而使用无缝热贴合技术能够从根本上解决类似问题，提供更好的防水功能。同时，无缝热压贴工艺在细节处理上也更加美观，能够消除缝线结构，提升衣袋部的防水效果，使服装外观更加平整。无缝拼接工艺是未来户外服装发展的总趋势，通过创新的技术手段，提升了户外服装的性能和品质，使户外运动者在恶劣环境下能够更加安心舒适地进行户外活动。随着技术的进一步发展，相信无缝拼接工艺将会在户外服装制作领域继续取得更大的突破与应用。

（三）户外运动服装不同功能的开口、细节设计

1. 通风透气设计

开口通风透气功能在户外服装中起着重要作用。户外运动时，人体会产生大量的热量，因此，服装需要具备通风透气的功能，排出体内的热湿气体，以保持身体干爽，维持

舒适的温度。同时，在户外环境中还需要考虑防风、防雨、保温等功能，这就要求在服装的开口结构细节设计上做出合理处理，如图1-16、图1-17所示。

图1-16　BOHRHOO户外装

图1-17　Oqliq户外装

在户外服装的开口结构设计中，需要根据衣身与衣袖、衣身与衣领的组合，服装的开合穿脱方式等因素进行考虑。通过合理地控制开合程度、开口大小的设计，使空气能够自然进入与流出服装衣下空间，实现自然流通与交换，从而提供足够的通风效果。

户外运动服需要有透气功能的部位，如衣服的腋下、胸背部、大腿等，这些部位可以使用高透气性的面料或设计拉链进行开口设计。通过拉开拉链，能够实现透气作用，使热湿气体得以及时排出，保持身体的干爽。同时，在这些部位使用拉链时，还可以设计双重防风防雨保护，保证在需要防风防雨的情况下，能够及时封闭开口，保持身体的舒适与保暖。

在户外运动中，通风透气和保温保暖往往是相互矛盾的需求。为了解决这一问题，可以通过控制拉链的开口大小，灵活地实现透气和保暖的平衡，拉开拉链可以增加通风透气效果，闭合拉链则可以提高保暖性能。户外运动者能够根据实际需求，在不同的环境下灵活调整服装的功能。

2. 收纳脱卸功能细节设计

户外服装的收纳细节设计是为了方便穿着者携带和储存服装，提升服装的功能性和实用性。收纳细节设计主要包括服装局部收纳设计和整体收纳设计两个方面。

（1）局部收纳设计。防风帽是户外服装的重要组成部分，在不需要使用防风帽时，如何将其收纳起来，一种常见的设计是将防风帽与衣领拼合，将其巧妙地收纳于衣领之中。这样的设计不仅使防风帽不会碍事，还能避免在不使用时单独携带或丢失。

（2）整体收纳设计。整体收纳设计是指将整件服装收纳到衣袋内。衣袋可以是特别为该服装设计的收纳袋，当户外者不需要穿着服装时，可以将外套折叠起来放入衣袋中，方便携带。衣袋的设计需要考虑材质的耐磨、轻便和耐用性，确保能够有效保护服装，同时又不会增加额外的负担。

（3）脱卸功能细节设计。一些功能性强的户外服装还会考虑脱卸功能的设计，使服装可以根据实际需求进行组合和拆卸。例如，连体服装可以分别脱卸成上装和下装，上装可以脱卸成中袖、短袖、背心，下装可以脱卸成短裤、护腿。这样的设计让户外者可以根据不同气候和活动需求灵活搭配服装，提高服装的适用性和多功能性。

在设计脱卸功能细节时，需要注意脱卸的位置与功能关系，确保脱卸过程简便顺畅，并且不影响服装的整体结构和外观。同时，选择合适的脱卸材料，如坚固的拉链、易扣合的扣带等，确保脱卸部件的耐用性和可靠性。户外服装的收纳细节设计是为了提升服装的便携性和实用性。通过巧妙地局部收纳和整体收纳设计，户外者可以更加方便地携带和储存服装，使户外运动体验更加便捷和舒适。而脱卸功能细节设计则增强了服装的多功能性，使户外者可以根据不同环境和需求灵活搭配服装，提高户外活动的适应性和灵活性。因此，收纳细节设计是户外服装设计中不可忽视的关键环节，也是满足户外爱好者对便利性和实用性要求的重要因素。

3. 收紧调节功能细节设计

外层服装设计考虑通风透气与保暖功能，在下摆、中腰、帽口等部位添加了调整衣内空间大小和服装紧度的抽绳，使穿着者可以根据不同的环境与需求自由调整服装。

袖口收紧调节功能采用了袖口松紧带及魔术贴，调节袖口的大小和开口程度。下摆则使用了可调节松紧的弹力收腹带或防风裙，以增加下摆部位的防风性能（图1-18）。

所有这些细节设计使人体在户外不同环境下可以自由运动，并为穿着者带来了极大的便利。无论是需要增加通风透气，还是保持身体温暖，或是提高防风性能，这些功能都可以通过简单的调节实现。这样的设计使户外服装在多样的气候和环境下能满足使用者的需求。

4. 人性化功能细节设计

户外服装功能细节设计的发展方向是朝更加人性化和智能化的方向发展。人性化细节设计可以通过智能辅助设备实现，如加热、温控、定位、报警、声控、发光、视频等智能可穿戴设备的运用，从而大大增强户外服装的实用性和便捷性。现在，一些智能型纺织品材料已经应用于户

图1-18　攀山鼠（Klattermusen）攀岩户外装收紧调节设计

外服装，能够根据穿着者的需求改变其特性。随着科技的不断进步，新材料和技术的涌现，未来将有更多数字化技术广泛应用于户外服装，极大丰富户外服装的功能。

人性化细节设计不仅体现在智能辅助设备上，还表现在户外服装的扣具辅件细节设计上。户外服装的扣具辅件种类丰富多样，除了作为装饰品外，还包括助动和救生用具等功能。现代科技的运用使得这些扣具辅件能够与智能辅助设备完美结合，发挥特定的功能作用。

细节设计在户外服装中的运用非常广泛，无论是在造型方面，还是结构与功能方面。开口结构是体现户外服装通风透气功能的重要设计要素，其细节设计不仅关乎开口结构的质量，也影响着通风透气功能的实现程度。细节设计赋予户外服装开口结构以灵活性，因此，在户外服装开口结构设计中起到关键作用，是体现设计思想和理念的最直观表现。未来，户外服装开口结构的细节设计将成为一个重要课题，从户外服装功能设计的角度出发，有针对性地规划不同开口处的功能细节，让户外服装能够适应不同户外环境下的功能需求。

第三节 校企合作专项分析

一、理论基础

本章节是与嘉元服装有限公司合作的一个专项设计，专项题目是模糊理论在多功能高空作业服设计中的应用。

为解决高空作业服的功能单一性和高空户外作业者对防护服装功能多元化的需求，更好地了解高空作业服功能的体现，通过模糊理论在多功能户外服装设计中思路的拓展和方法的解析，根据模糊理论的不确定性、宽容性和变化性，总结出互渗法、组合法、转换法等创新方法，并分别从便捷、舒适、安全防护三大功能进行应用研究。研究结果通过款式分解图和结构图表现出来，最终得出高空作业服在功能设计上新的研究方向，为多功能服装设计提供理论参考依据。

模糊理论起源于模糊数学，在后续的发展中逐渐延伸，演变出模糊分析法、模糊评价法、模糊控制法、模糊设计法等方法，广泛应用于医学、科技、美学、设计等多个领域。本节运用模糊理论，针对高空作业人员的工作环境和特征，结合舒适、安全的优化设计提升服装的防护性能。目前模糊理论与服装相结合的研究较少，主要集中在对性别和服装款式识别算法上的模糊设计，针对服装产品的模糊设计方式的研究是概括性的，没有针对某一具体服装类别进行具体分析，如史小冬的《服装产品的"模糊"设计方式与实践》。另外，目前对于高空作业服的研究主要体现在防护服装材料热阻、湿阻等面料材质方面，高空作业设备和作业平台等方面，以及适用面较广的防护服功能设计的模式以应对不同防护服的设计及开发研究上。但国内外针对高空作业防护方面的研究较少，主要集中在局部功能性结构设计以及功能性面料相配的设计上，针对如何提高工人工作效率和最大化提高作业服的肢体活动角度的研究。而对于模糊理论在高空作业服设计方法的理论研究几乎没有，所以该领域有可研究的市场应用价值，研究空间也比较大，同时模糊化思想拓展了实证方法的内涵和应用领域。

二、研究背景

（一）概念

模糊理论，是 20 世纪由 L. A. Zadeh 教授提出的，是基于模糊数学而产生的一种新型数理理论。所谓模糊概念，是将界限打破、打散，使这个概念的外延变得模糊、不清晰。

模糊设计，是指在专业设计中外延的模糊设计，通常是对造型、结构、方法、功能上的不确定性和宽容度的设计，使设计呈现出多种角色和角度，与多功能设计有相通之处。

高空作业，是指人处在坠落高度为 2 米或 2 米以上的高处进行的作业，高空作业服是高空作业人员在作业过程中所穿着的服装。

（二）现状与需求

在辽宁省丹东市实地调研中，主要采用问卷调查法和个别访谈法，在被调查的 115 份高空作业人员问卷中，收到的有效问卷为 98 份。问卷结果显示从高到低顺序排列为：安全、舒适、防滑耐磨、防水、保暖、穿着轻便等。约占 70% 的人员对自己安全存在担忧，其中有 35% 的人员家属反对从事高空作业这个职业，80% 的人员没有专业的防护服，而78% 的作业人员都是穿着普通工作服或日常服装，腰间与后背连接的安全绳是唯一的防护措施，并且工作难度较大，在工作过程中，身体直立、行走、自由转身都比较困难，受到安全绳作用于身体的强烈束缚感，同时高空环境比较复杂，经常会受到天气的影响，比如刮风、雷雨、闪电、冰雹、雨雪等，不但影响工作者的工作效率，而且影响其自身的安全，所以在高空作业人员的工作难度要大于地面工作的难度，这些调研结果在一定程度上为高空作业服的功能创新设计指出了方向和需达到的目标。

三、设计方法

通俗地说，模糊与精确对立，模糊设计是对服装的不确定性、宽容性、变化性等特点总结出的基本设计方法与规律。在对高空作业服的设计过程中，主要通过轮廓造型的模糊、结构线装饰线的模糊、多功能的交叉模糊、工艺手法模糊的混合运用，通过模糊理论派生出来的三种功能进行应用分析。在服装设计通过找出自身的矛盾来模糊原有的结构，消解一个中心和主体，从而形成多个分解体，本文提出以模糊的三种方法为基础工具，以高空作业服在功能设计上存在的缺陷和问题为研究对象，是对传统设计思维的颠覆，具体表现为互渗法、组合法、转换法。

（一）模糊的不确定性——互渗法

模糊的不确定性与解构主义的理论观点很相似，反对界限、反对中心、本体和非黑即白的理论观点，提倡打破、颠覆、重组、创新的思想，使服装承载更多的功能，互渗法将服装款式、材料、功能、外轮廓造型、色彩不断地实现相互渗透、相互转化和组合，呈现出渗透状态，而互渗设计过程是一种再造的过程，将新理念、新思维、新元素、新技术注入其中，是一个持续的渗透创新的过程。人体是服装的载体，在外部环境的不确定因素影响下，服装的功能变化会随着互渗设计改变服装的基本性能。

（二）模糊的宽容性——组合法

组合法是混合搭配的组合方法，将同属性和不同属性的事物混搭在一起，形成一种创新功能，与模糊理论中的宽容性相符，它强调重组构成的方法，在服装审美、保暖等功能上组合其他防护、安全功能，成为共同结构体。世界万物都是由大大小小的个体组成，在自由组合的同时又可不断分解再组合，确保每个个体都在不断组合和发展，形成新的样态，把握好各功能与各要素之间的设计平衡。

（三）模糊的变化性——转换法

转换法是将一个中心分解成两个中心或者多个中心，一个中心的转移可以是同属性的，也可以是同属性以外的，可以是一对一的转换，也可以是一种形式对多种形式的转换，在转换的同时赋予新的功能和造型，这些与模糊理论中的变化性相吻合，体现在同一结构体的多解性。

四、应用

高空作业人员是在高空环境下对建筑墙体或玻璃进行搭建、维护或清洗，在作业过程中需要保持身体的平衡稳定，背后的绳索是维系生命安全的唯一保障。对于高空作业服设计而言，首要考虑的应是安全防护功能，使意外发生率降到最低，最大化的保障作业人员的生命安全；其次应考虑的是便捷功能和舒适功能，提高高空作业人员的穿着感受，将服装与安全绳、安全带相结合在高空作业的同时多一分安全保障。根据上述模糊理论在多功能服装设计中的方法分析，结合三种方法并分别从舒适功能、防护功能、便携功能等三大方面进行应用分析。

（一）舒适功能

1. 连体外形设计

对于高空作业服而言，大多数采用分体式设计，分别为上衣和裤子，当作业人员在地面工作，没有任何不便，但当在高空环境状态下工作，身体外会附加安全带、安全绳来保障人身安全。安全带与作业服面料接触的位置不稳定，相互摩擦，经常会起皱甚至会将底边卷起，既不美观又不舒适，更不保暖，所以，应采用连体防护服的设计，穿着起来方便舒适，如图1-19所示。

2. 安全带内嵌设计

如图1-19所示，首先将连体服夹层内穿插安全带，安全带连接端A、B、C、D、E、F点，所有卡扣设在连体服的外部，背部交叉处G点的卡扣用于连接外部安全绳索，安全带在夹层内的走向为常规全身式，包括胸部、腰部、大腿处和背部连接，这种全身式安全带可以减轻安全绳对身体局部产生拉力的同时缓解不适感，还可以增加舒适性和安全保

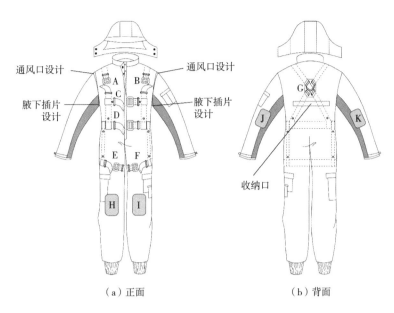

（a）正面 （b）背面

图1-19 高空连体作业服

障，由于安全带隐藏在服装夹层，只有各点卡扣显露出来，所以安全带不易磨损，同时安全带可以根据不同人的体型调整围度和松紧，既舒适又美观。

3. 仿生设计

通过对壁虎的仿生设计和运动轨迹分析，连体服的膝盖 H、I 和肘部 J、K 位置设有硅胶片，在高空作业中可以提高防滑耐磨性的同时增加一份安全保障。

4. 插片、通风设计

根据高空作业人员工作的运动轨迹分析，手臂长期处于伸展动作，上半身运动量很大，手臂的运动频率极高，为了解决手臂的伸展灵活度，将作业服腋下位置采用弹性面料的插片设计，同时在袖窿上弧设有通风口便于排湿通风，最大限度地提升人体舒适度。

（二）防护功能

为防止意外发生，将夹层内设置气囊，气囊包括颈部气囊、胸部气囊、侧身气囊、腹部气囊、背部气囊和臀部气囊，在高空作业服的重要部位，如颈部、胸部、背部、臀部等设置碰撞传感器。当两处以上的接触点受到碰撞后控制单元将会自动对气囊快速充气，从而对身体的重要部位进行保护，提高安全保障。如图 1-20（a）、图 1-20（b）所示为气囊分布图，图 1-20（c）所示为气囊充气说明图。

（三）便携功能

连体服的后面有口袋用于整体收纳，方便携带，通过五个折叠步骤完成整体的收纳过程，首先将高空作业服的正面平铺，以垂直虚线为中心向内折叠，然后以水平线 3 为中心，上下分别向中心折叠，保留图 4C 所示的阴影部分，然后通过背部的 3 暗兜由内向外翻折，最后折叠转换成一个手提包，通过模糊设计的方法消解一个中心、一个主体和一种

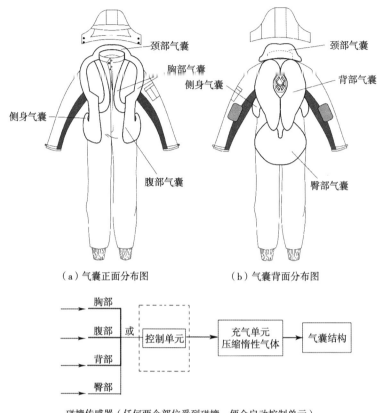

（a）气囊正面分布图　　　　（b）气囊背面分布图

（c）气囊充气说明图

图 1-20　气囊分布图

功能，打破服装之间的界限，可以在同属性和不同属性之间进行转换，既方便携带又节省空间。

五、结论

模糊理论已经逐步渗透到服装设计领域，是一种重要的设计思维模式和设计方法，强调对界限、领域、结构的模糊，将提炼多个界限的共同体，将多个领域和不同材料结合在一起，互相渗透、相互转换，最终形成多种功能、多种角度的设计成果，模糊理论跟多功能服装设计的理念有很多共通点，本节利用它们共通的设计方法应用在高空作业服的设计中，对高空作业服的需求进行具体分析，根据模糊特性所归纳的方法，将不同的功能进行互渗设计、组合设计、转换设计并逐一应用到高空作业服的具体功能设计当中，模糊的方法是千变万化的，应用的范围也十分宽泛。上述模糊理论的基本方法可以完成对服装的多功能设计，为后续其他多功能户外服的设计提供方法和路径，同时模糊理论也将成为服装功能设计的主要理论基础。

思考与练习

1. 户外服装设计的要点是什么？
2. 简述户外服装的几种类型。
3. 为校企合作企业设计一系列户外服装。
4. 户外运动装结构设计开口设计包含哪些内容？

第二章 职业装设计

职业装，又称为工作服或制服，是专门为满足某种特定工作需求而设计的服装。它是一种能够体现职业特点和团队精神的服装，在从业人员工作场合中起到重要的着装作用，集功能性、时尚性和实用性于一体。职业装的设计要考虑不同行业的需求，结合职业的基本特点、团队文化、年龄层次、体态特征、穿着习惯和岗位特点等多方面因素。

本章的主要内容包括职业装的基本概述、产品开发流程、分类设计以及校企合作专项分析等内容。

第一节 职业装概论

一、职业装的概述

随着社会经济的迅速发展和生活水平的提高，职业装在新时代发生了巨大的变化。审美观的转变使得职场着装吸纳了大量新鲜的时尚元素和潮流趋势。职业装不仅是体现团队文化和精神的象征，更成为展现职场精英最佳面貌的重要手段。现在人们越来越希望打破传统职业装的思维模式、设计构思、制板工艺和面料搭配，融入新的理念和方法，使职业装呈现出更富有时尚、美感和活力的特性，展现一种时尚前卫的职业装风潮。新时代的职业装不再受束缚，不仅满足实用性和专业性，还体现出更多个性和时尚元素，为职场带来全新的氛围和风貌。

二、职业装的特点

职业装是一种具有多重特性的服装类型，在不同方面扮演着重要的角色。以下是对职业装特性的拓展，涵盖标识性、实用性、时尚性、统一性、防护性、时代性以及科学性的详细解释。

(一) 标识性

职业装的标识性是其最基本的属性之一。它是通过特定的款式、色彩、配件和行业标志等来区分不同职业、工作身份和社会角色的。这种标识性作用不仅有助于树立行业形象和企业文化，还提高了企业的辨识度和竞争力，如各大航空公司的空乘服装、邮递员服装、证券公司服装等，都有独特的行业特色，使人们能够从外观上识别其所属行业和职业身份。

（二）实用性

职业装的实用性主要体现在满足不同工作环境的需求。设计师要考虑各种多功能需求和制约因素，如职业装的材料性能、生物性能、质感和加工工艺等。款式的设计应该基于工作特征，结构合理，色彩搭配和谐。同时，在工艺制作方面，要求剪裁准确、缝纫牢固、熨烫平整、包装精致、号型标准齐全、经济耐用等，确保职业装的实用性能够得到最大程度的体现。

（三）时尚性

时尚性是现代职业装设计的一个方面。职业装的时尚性不仅包括服装本身的造型、色彩、材料和工艺等方面的考虑，还需深入研究职业装的对象、场合、心理和生理需求，以提出最佳的设计理念和方案。通过结合流行趋势，职业装不仅美化个人形象，更能彰显着装者的气质与个性。时尚的职业装要能展现一种前卫和与众不同的特点，让职场人士在专业领域中充满自信和魅力。

（四）统一性

职业装的统一性在一定程度上是指行业内服装的一致性，即便有所差异，也要保持某种程度的统一性。这是为了满足特定行业的着装要求，强调职业装在外观上的美观和整体的统一。统一的职业装有助于树立企业形象，增强员工的集体认同感和团队凝聚力。

（五）防护性

在一些职业中，职业装的主要功能是提供防护性能。由于不同工作环境的差异，职业装需要考虑如何保护员工的安全和健康，提高工作效率。不同产业的职业装有不同的防护功能要求，如防火、防静电、防辐射等。因此，在设计职业装时，要注重面料的选择和工艺的考虑，确保职业装能够有效地保护员工。

（六）时代性

职业装的时代性反映了社会经济、文化、政治、流行等方面的发展和变化。时代性通过服装的造型、色彩、饰物等来体现。当今的职业装体现了开放而包容的视角，吸取传统与未来的精华，展现出多样而独特的风貌。

（七）科学性

现代服装设计逐渐运用科学的研究方法和流程，应用于职业装的设计、材料选择、制板、制作和包装等全过程。特别是在纺织品的设计方面，新材料的开发为职业装赋予了全新的性能视角。科学性的运用使职业装不仅是一种装饰性的服装，更是满足职业需求的实用工具。随着社会的不断发展，职业装将继续演变和创新，为职场带来更多的可能性和活力。

三、职业装的发展历程与现状分析

职业装的发展历程是一个与时代变迁和社会发展密切相关的过程。在过去的几十年里，职业装从实用性到形象塑造和个性化发生了巨大的变化。

（一）职业装的发展历程和趋势

20 世纪 50 年代到 70 年代是职业装发展的重要阶段。在这个时期，工业化进程加速，劳动力需求增加，办公室文化开始形成。职业装的设计主要关注实用性和耐用性，以满足工作环境的需求。西方男性职业装以西装、领带和正式鞋为主，女性职业装则以套装、连衣裙和高跟鞋为主。这种职业装的设计风格注重庄重、正式和专业，体现了当时职业人士的权威和自信。

到了 20 世纪八九十年代，经济的全球化和信息技术的快速发展，办公室文化发生了深刻的变化。职业装也开始呈现出更加轻松和休闲的风格。这个时期，休闲职业装成为一种流行趋势。男性职业装逐渐从传统的西装领带转变为衬衫、卡其裤和皮鞋的组合，女性职业装也开始注重舒适性和便捷性，以套装搭配平底鞋或凉鞋为主。这种休闲职业装的设计风格更加随性，体现了职业人士的个性和自由。

进入 21 世纪，职业装发展进一步受到科技进步和社会变革的影响。高科技职业装开始出现，以满足现代职业人士在不同环境下的需求。一些职业装采用先进的科技面料，具有防水、透气、抗皱等功能，以提高穿着的舒适性和便捷性。此外，一些职业装还融入了智能技术，如内置电池和传感器，以满足现代职业人士对智能化和便捷性的需求。

个性化职业装也成为当下的一个重要趋势。越来越多的职业人士注重个性和独特性，他们希望通过职业装来展示自己的风格和个性。一些品牌推出定制职业装或提供多种款式和配色选择，以满足不同人群的需求。此外，一些职业装品牌还注重可持续发展和环保，采用环保面料和生产工艺，以减少对环境的影响。

除了时代变迁和社会发展，职业装的发展还受到文化、地域和行业的影响。不同国家和地区对职业装的要求和审美存在差异，如东方文化注重传统和庄重，职业装设计更加正式和尊重；而西方文化注重个性和自由，职业装设计更加随性和活力。同时，不同行业对职业装的要求也有所不同。金融和法律等传统行业更加倾向于正式和专业的职业装，而科技和创意行业则更倾向于轻松和时尚的职业装。

职业装的发展不仅受到外部因素的影响，也受到个人需求和偏好的影响。现代职业人士对职业装有越来越高的要求，他们希望职业装能够同时满足工作的需求和个人的风格。个性化定制职业装和多样化的风格选择成为职业装市场的新趋势。一些品牌提供定制职业装的服务，根据客户的体型、喜好和职业要求量身定制，以确保最佳的穿着体验和形象呈现。

另外，职业装的可持续发展逐渐成为一个重要的关注点。随着环境意识的增强和可持续发展理念的普及，职业装品牌开始关注环保和社会责任。一些品牌采用环保面料和生产工艺，力求降低对环境的影响。此外，一些品牌还积极参与社会公益活动，以推动可持续发展和社会进步。

未来，职业装的发展将继续受到社会、技术和个人需求的影响。随着科技的进步，可以预见职业装将更加智能化和便捷化。职业装会融入更多的智能技术，如智能感应、智能调温等，以提供更好的穿着体验和工作辅助功能。此外，职业装的个性化发展也将继续推进，职业人士可以根据自己的风格和需求选择适合的职业装款式和配色。职业装的发展将成为一个不可忽视的趋势。职业装品牌将更加注重环保面料的选用和生产工艺的改进，以减少对环境的负面影响。加强对劳工权益的关注和保护也将成为一个重要议题，以确保职业装的生产过程符合伦理和社会责任。职业装的发展历程体现了时代变迁和社会需求的变化。

（二）欧美和中国职业装现状分析

职业装的风格、颜色和材质都会受到政治、社会、文化和经济等因素的影响，因此，不同地区和国家的职业装会有所差异。

1. 欧美职业装现状

欧美是世界上发达的地区之一，拥有强大的经济实力和文化影响力。欧美的职业装市场十分成熟和多元化，有悠久的历史和传统。然而，近年来，欧美的职业装市场受到政治、社会和文化变化的影响，出现了一些新的特点和趋势。

一方面，随着工作场所的多样化和包容性的提高，职业装的风格也变得更加个性化和多元化。许多专业人士选择穿着能够反映他们的身份、价值观和信仰的服装，而不是遵循传统的正式规范。例如，一些女性专业人士会穿着更加鲜艳、时尚和女性化的服装，以展示她们的自信和力量；一些少数族裔或宗教信仰者会穿着能够体现他们的文化背景和信仰特征的服装，以表达他们的尊重和认同；一些创意行业或非传统行业的专业人士会穿着更加个性化、创新和前卫的服装，以彰显他们的独特和创造力。这些个性化和多元化的职业装选择不仅能够满足专业人士的个人喜好和需求，也能够增强他们在工作场合的自我表达和沟通能力。

另一方面，由于工作环境的影响，许多专业人士转向了远程工作或灵活工作模式，这也导致了对舒适性、实用性和休闲性更高的职业装的需求。由于远程工作或灵活工作模式使专业人士不必每天出门上班，也不必面对客户或同事，因此，他们可以选择更加舒适、实用和休闲的服装来进行工作。例如，"Zoom"衬衫，即在上身穿着正式服装，下身穿着休闲服装的搭配，这种搭配既能够保持在视频会议中是专业形象，又能够提高在家中工作时的舒适度。此外，由于远程工作或灵活工作模式也增加了专业人士在家中与家庭成员或朋友互动的时间，因此，他们也更倾向于选择能够适应不同场合和角色的服装，以方便在工作和生活之间切换。

欧美职业装现状反映了工作环境、消费者需求和时尚趋势的变化，追求个性化、多元化、休闲化和舒适化，体现了专业人士的自我表达、自我实现和自我调节的能力。

2. 中国职业装现状

中国是世界上最大的服装生产和出口国，拥有庞大的职业装市场。近年来，中国的职业装行业在经历着转型和升级，从低端、低价和低质量向高端、高价和高质量发展。中国的职业装品牌不仅注重设计创新和产品质量，还注重品牌形象和市场营销。同时，中国的职业装消费者也越来越关注个性化、定制化和可持续化。

一方面，中国的职业装品牌在设计创新方面取得了显著的进步，不断推出符合市场需求和时尚潮流的新产品。一些品牌通过引入国际设计师、与国际品牌合作或参与国际时装周等方式，提升自己的设计水平和国际影响力；通过结合中国传统文化元素、民族风格或地域特色等方式，展示自己的文化自信和创造力；通过运用新型材料、新型工艺或新型技术等方式，提高自己的产品质量和功能性。这些设计创新不仅使中国的职业装品牌在国内市场上获得了更多的认可和支持，也使他们在国际市场上赢得了更多的竞争力和声誉。

另一方面，中国的职业装消费者在选择职业装时也越来越注重个性化、定制化和可持续化。随着中国经济的发展和社会的进步，中国的专业人士也越来越有自己的审美观念和消费理念。他们不再满足千篇一律、低价低质的职业装，而是寻求能够体现自己个性、风格和品位的职业装。因此，一些提供个性化定制服务的职业装品牌受到了消费者的欢迎，例如，"定制衣橱"等。这些品牌通过线上线下相结合的方式，为消费者提供量身定制、专属设计和专业指导等服务，使消费者能够拥有独一无二、符合自己需求和喜好的职业装。同时，随着中国社会对环境保护和社会责任的意识提高，中国的专业人士也越来越关注职业装的可持续性。他们不仅关注职业装的使用寿命、耐久性和回收性，也关注职业装的生产过程、原材料来源和环境影响等方面。因此，一些采用环保材料、节能工艺、提倡可持续发展的职业装品牌受到了消费者的青睐。

四、职业装的产品开发流程

（一）设计前提

职业装的设计前提在于明确职业装的功能和使用目的。职业装作为一种专门为服务社会工作和生活的衣着需求而设计的服装，其使用目的是满足从业者在职业活动中对于着装的特定需求。穿着职业装有利于充分发挥服装的物质功能、精神功能和文化功能，从而达到优化产品、行业、职业和从业者形象的最终目的。因此，职业装在设计中具有融合舒适性、实用性、审美性和经济性的多重功能。

1. 物质功能

职业装的物质功能体现在为从业者提供舒适性和便捷性。在不同的职业中，从业者往往需要长时间穿着职业装，因此，职业装的材质选择、剪裁和工艺都需要考虑到舒适性。透气、吸湿、抗皱等功能性面料的运用，以及合理的剪裁和制作，都能确保从业者在工作过程中保持舒适，不受束缚。同时，职业装的实用性也是其物质功能的一部分。职业装的设计应符合从业者的工作特点和需求，提供便利的口袋设计、合理的布局和灵活的动作空间，使从业者能够更加高效地完成工作任务。

2. 精确功能

职业装的精神功能在于传递从业者的专业形象和企业文化。不同职业有不同的形象要求，职业装的设计应该体现从业者的职业特点和专业素养。比如，律师、医生等职业需要正式、庄重的形象，而创意行业注重时尚和个性化。通过款式、颜色、配饰等方面的设计，职业装能够传递从业者的精神面貌，增强对外界的信任和好感。同时，职业装也是企业文化的重要表现形式。许多企业会在职业装中加入企业标志、口号等元素，以加强企业形象的宣传和推广。

3. 文化功能

职业装的文化功能在于传承和表达社会文化。随着社会的发展，职业装不仅是一种简单的服装，更是一种文化符号。不同行业和地区的职业装反映了不同的文化传统和价值观念。例如，传统的制服可以展现出一种历史悠久的文化传统，而现代职业装的多样性则反映出当今社会的开放和包容。职业装的设计可以借鉴传统文化元素，融合现代时尚，使其更具独特的文化魅力。

4. 经济功能

职业装的经济功能在于提高从业者的着装效率和降低成本。标准化的职业装设计和生产能够提高服装的制作效率和一致性，从而降低生产成本。同时，职业装的实用性和耐用性能够延长服装的使用寿命，减少对服装的频繁更换，减轻个人和企业的经济负担。

职业装的设计将继续不断创新和拓展，为人们提供更加多样化和适应性的着装选择。

（二）设计要素

职业装的设计是一个综合性的过程，涵盖款式设计、材料设计和制作设计三个方面。这三个方面相互依存、相互作用，共同塑造出最终的职业装形象。

1. 款式设计

款式设计是职业装设计的决定因素，是整个服装设计的前提。职业装的款式设计应根据从业者的工作特点、行业需求和穿着习惯进行选择。不同行业和职业有不同的形象要求，因此，款式设计必须符合相应的标准和风格。比如，银行职员等职业需要较为庄重的款式，而时尚创意行业则更注重个性和时尚感。

款式设计不仅包括服装的剪裁和结构，还包括细节处理和配件的选择。合理的款式设计可以使职业装更加贴合从业者的身材和工作需求，提高舒适度和穿着感受。同时，精心设计的细节和配件能够突出职业装的特色，增强整体形象的印象力。

2. 材料设计

材料设计是服装设计的物质基础，直接影响职业装的品质和表现效果。材料设计通常表现在面料和辅料的选择和搭配上。面料决定着职业装的质感、舒适度和透气性，因此，对于不同行业和职业，面料的选择要求也各不相同，比如，办公场合的职业装需要光滑细腻的面料，而实验室工作的职业装需要有防护功能的面料。

辅料是指衬里、纽扣、拉链等服装的辅助材料，虽然它们在整件服装中占比较小，但是却对职业装的外观和实用性有着重要影响。辅料的选择和搭配需要考虑与面料和款式的协调性，使整体设计更加和谐。

3. 制作设计

制作设计是款式设计和材料设计的实现手段和目的，包括结构设计和工艺设计。结构设计是将款式设计转化为具体的服装结构，确保职业装的穿着舒适和合体。在结构设计中，需要考虑服装的裁剪和裁缝工艺，以确保职业装的质量和完美度。工艺设计则是指将材料设计转化为实际服装的生产过程。不同面料和辅料的工艺处理不同，需要采用相应的工艺技术，比如缝纫、熨烫、印花等。工艺设计的优化可以提高职业装的制作效率和成品率，同时确保服装的质量和美观。

4. 色彩设计

职业装的色彩设计也是重要的一环，它完整地融入职业装的视觉整体系统中，形成行业的象征，体现出企业的整体素质与风貌。色彩设计可以根据不同行业的特点和文化传统进行选择，运用不同的颜色来传递从业者的职业形象和专业素养。比如，医疗行业通常会采用清爽、舒适的色调，而金融行业注重稳重、庄重的色彩。

通过以上设计，职业装才能更好地满足从业者的需求，传递出专业、文化和时尚的价值，以实现职业装的多重功能和优化设计效果。

（三）职业装设计的基本条件

职业装的设计在满足从业者的职业需求和塑造整体形象的过程中，通常会遵循"5W1H"六大设计原则，即 Who（谁）、When（何时）、Where（何地）、Why（为何）、What（什么）和 How（如何）。

1. Who（谁）

Who 是指职业装的使用者，也就是从业者。职业装的设计应该根据从业者的职业特点、工作环境以及个人身体特征来确定。不同行业和职业的从业者在着装需求上会有很大的差异，因此，设计师需要充分了解目标用户的需求和偏好，以确保设计的职业装能够准确地满足使用者的要求。

2. When（何时）

When 是指职业装的使用场合和季节。不同的职业在不同的场合进行工作，比如，办公室、工厂、医院等，每个场合的着装要求都不同。此外，季节也会对职业装的设计产生影响，夏季需要考虑透气性和舒适性，冬季则需要考虑保暖性。

3. Where（何地）

Where 是指职业装的使用地域和文化背景。不同地区和文化对职业装的审美观和要求存在差异。设计师在进行职业装设计时，需要考虑目标市场的文化特点和审美偏好，以确保设计的职业装能够在该地区获得良好的接受和认可。

4. Why（为何）

Why 是指职业装的设计目的和意图。职业装作为一种专门为服务社会工作和生活需求而设计的服装，其设计目的应该是满足从业者的专业需求和表达企业文化。例如，职业装需要传递严谨、专业、可靠等企业形象，同时也要考虑从业者的工作舒适性和自信心。

5. What（什么）

What 是指职业装的具体款式、色彩、材质和细节设计。职业装的具体设计应该基于 Who、When、Where 和 Why 这些设计素材，以确保职业装在实际应用中能够达到预期的效果。款式设计需要考虑不同职业的特点和要求，色彩设计要符合企业形象和从业者的喜好，材质选择要考虑舒适性和功能性，细节设计要突出职业装的特色和个性。

6. How（如何）

How 是指职业装的实现过程和制作技术。设计师在考虑职业装的设计时，不仅需要关注外观效果，还需要考虑实际生产过程中的可行性和成本控制。制作技术对于职业装的质量和舒适度有着重要影响，因此，设计师需要与制作团队密切合作，确保设计的职业装能够在制作过程中得以实现。

以上"5W1H"六大设计原则在职业装设计中具有重要的指导意义。设计师可以通过运用这些原则，使职业装的设计更加精准、实用和富有创意，从而为从业者提供更好的着装体验。

（四）产品设计开发

职业装产品设计开发是针对目标消费群体，按计划进行设计生产，最终提供所需产品的过程。职业装设计开发的本质是以目标消费群体需求所进行的商品策划，其中包括目标市场研究与细化、流行趋势与设计风格的确定、产品开发和营销组合策划等内容。整个过程都是围绕产品展开，好的产品开发能使一组产品的附加值达到最大化。

职业装设计开发的目的是满足目标消费群体的职业形象、职业功能和职业心理等方面的需求，从而提高他们的工作效率和满意度。职业装设计开发需要考虑以下几个方面：

1. **目标市场的分析和定位**

根据目标消费群体的特征、需求、偏好和购买行为，确定职业装的市场定位和目标客户群。例如，针对不同行业、不同职位、不同年龄段、不同性别等不同细分市场，提供不同类型、不同风格、不同档次的职业装产品。

2. **流行趋势和设计风格的把握**

根据市场动态、社会文化、行业特点和消费者心理，分析职业装的流行趋势和设计风格，并结合品牌形象和特色，创造出符合时代精神和消费者需求的职业装设计。例如，根据职业装所要表达的专业性、权威性、信任感等信息，选择适合的色彩、图案、剪裁等设计元素，并注重细节处理和品质提升。

3. **产品开发和营销组合策划**

根据市场定位和设计风格，进行产品线、款式、颜色、面料、工艺等方面的开发，并制订相应的价格、渠道、促销和服务等营销组合策略，以实现产品与市场的有效匹配。例如，根据不同产品线的定位，确定合理的成本控制和利润率，并选择合适的销售渠道和促销方式，以及提供优质的售后服务和客户关系管理。

职业装设计开发是一个系统性、复杂性和创新性很强的过程，需要多方面的知识、技能和经验。职业装设计开发不仅要满足功能性、美观性和舒适性等基本要求，还要体现出职业装所代表的行业文化、企业形象和个人风格等内涵价值。因此，职业装设计开发需要有以下几个特点：

（1）市场导向。职业装设计开发要以市场需求为导向，充分了解目标消费群体的特点和需求，并根据市场变化及时调整产品策略。

（2）创新精神。职业装设计开发要有创新精神，敢于突破传统思维和模式，并结合新的技术和材料，提供具有差异化和竞争力的产品。

（3）团队协作。职业装设计开发要有团队协作的意识，建立有效的沟通和协调机制，实现设计、生产、销售等各环节的高效配合。

（4）持续改进。职业装设计开发要有持续改进的态度，不断收集和分析市场反馈和客户意见，并根据产品的实际效果和问题，及时进行修改和优化。

4. 产品开发设计策划

（1）了解企业的目标和自身状况。服装设计师需要首先了解服装企业的目标和自身状况。这包括对企业的生产能力、销售渠道、资金状况等方面的了解。这样的信息能够帮助设计师更好地规划设计，确保设计方案的可行性和符合企业实际情况。

（2）细致规划设计。设计师需要根据服装品牌定位、风格定位、消费群体定位以及销售方式等方面进行细致的规划设计。品牌定位是指职业装在市场中所占据的位置和形象，如高端、中端、休闲等。风格定位涉及职业装的整体风格和氛围，可以是正式、时尚、简约等。消费群体定位则需要考虑目标客户的年龄、性别、职业特点等，以确保设计的职业装能够迎合消费者的需求。销售方式定位则关乎职业装的销售渠道和定价策略。

（3）提出产品设计理念。在获得了以上信息后，设计师进行综合对比和分析，以提出产品设计的理念。这个阶段设计师需要确定职业装的设计理念，即要传达给消费者的核心思想和主题。例如，强调专业、创新、舒适等。主题的确定将有助于职业装的整体表现和市场营销。

（4）考虑色彩搭配。设计师需要考虑职业装的色彩搭配。颜色对于服装的形象和情感传递有着重要影响。因此，设计师要根据品牌形象和目标消费群体的喜好，合理选择和搭配色彩，以突出职业装的特点和个性。

（5）服装廓型规划。设计师需要考虑职业装的款式和剪裁。款式和剪裁要适应不同行业和职业的需求，提供舒适的穿着体验，同时也要与设计理念和主题相契合。

（6）面辅料选择。面辅料的选择也是职业装设计中的重要环节。面料的质地、手感和功能性都会影响服装的品质和舒适度。设计师需要挑选合适的面辅料，使其与设计概念相匹配，同时满足消费者的需求。

（7）造型特征和工艺特点。造型特征和工艺特点是职业装的另一个重要方面。设计师需要决定职业装的细节处理和装饰，以凸显其特色和个性。同时，制定合理的工艺流程和工艺特点，保证职业装的质量和外观。职业装产品的设计开发是一个复杂而精密的过程。设计师需要了解企业状况和市场需求，规划设计的品牌定位、风格定位、消费群体定位和销售方式。然后通过综合对比和分析，提出产品设计的概念，包括理念、主题、色彩、服装廓型规划、面辅料、造型特征、工艺特点等。这样的细致规划和设计能够确保职业装在市场中脱颖而出，满足消费者需求，同时与企业的目标和实际情况相契合。

5. 市场调研

市场调研是指对营销决策相关数据的计划、识别、收集、整理、分析并与管理者沟通的过程，旨在为企业制订市场营销决策提供依据。在营销系统中，市场调研扮演着两种重要角色。市场调研是职业装市场情报反馈的一部分，向决策者提供当前营销信息和进行必要变革的线索；它是探索新市场机会的基本工具。

市场调研的重要性不言而喻。它为企业了解市场需求、竞争对手、消费者行为、产品特性、价格水平、渠道结构、促销效果等方面的信息提供支持，有助于制订合理有效的营销策略和计划。同时，市场调研还有助于发现潜在的市场问题和机会，为产品创新和市场开拓提供指导和支持。

市场调研的过程涉及多个步骤。首先，要明确调研目标和范围，确定调研的主题、对象、内容、方法和时间等。其次，设计调研方案，选择合适的数据来源、数据收集方式、数据分析方法和数据呈现形式。再次，执行调研活动，按照方案进行数据收集、整理和分析等工作。接下来，撰写调研报告，将调研结果以文字、图表、表格等形式呈现出来，并提出建议和意见。最后，评估调研效果，检查调研报告是否符合目标和要求，是否有用和可信，是否有改进和完善的空间等。

市场调研是一项复杂而专业的工作，需要市场调研人员具备一定的知识和技能。调研人员应该具备市场敏感度，能够敏锐地捕捉市场变化和趋势，发现问题和机会。同时，需要具备数据分析能力，能够运用适当的统计方法和工具，对数据进行有效处理和解读，得出有价值的结论。此外，沟通表达能力也很重要，调研人员应能够清晰地组织和传递信息，使报告内容易于理解和接受。而创新思维能力则能够使他们从不同角度和层面对问题进行分析和解决，提出新颖且实用的建议。市场调研是营销管理中不可或缺的一环，为企业提供了有力的信息支持和决策依据。市场调研人员应不断学习和提高专业水平，以满足企业对市场信息的需求。通过科学的调研方法和有效的数据分析，市场调研能够为企业带来更明智的决策，推动职业装市场的稳步发展。

6. 风格定位

职业装设计定位的成功在于找到潮流和传统的平衡点，兼顾时尚性和专业性。设计定位需要综合考虑不同的穿着对象，并考虑年龄、性别、职业、爱好、身份、穿着场合等因素。以下将对每个设计定位要素进行进一步拓展：

（1）什么人穿——目标消费群体的确定。确定目标消费群体是职业装设计的首要步骤。不同职业和行业的从业者在着装需求上有很大的差异，如银行职员、医生、教师、航空乘务员等，他们的职业特点和形象要求都不同。因此，设计师需要对目标消费群体的特点进行深入了解，以便打造符合他们需求的职业装。

（2）什么时候穿——穿着季节的确认。职业装的穿着季节也是考虑的重要因素。不同季节的气候条件会对职业装的材质和款式提出要求。夏季需要透气、轻便的面料，冬季则需要保暖、舒适的设计。合理地考虑季节因素，使职业装在不同时间段都能适应工作环境。

（3）什么地方穿——穿着者所在区域确认。地域差异也会影响职业装的设计定位。不同地区的文化背景、气候条件和审美观念都有所不同。设计师需要根据穿着者所在区域的特点，进行相应的风格定位和色彩选择，使职业装在特定地域具有更好的接受度和认可度。

（4）什么场合穿——穿着场合的确认。职业装的穿着场合也是一个重要的设计要素。不同行业的从业者在不同场合穿着职业装，有的在正式场合工作，有的在休闲场合工作。因此，设计师需要根据穿着场合的要求，灵活选择款式和细节处理，使职业装既能展现专业形象，又能符合工作环境。

（5）为什么穿着——穿着目的的确认。职业装的穿着目的也是影响设计定位的重要因素。穿着者穿职业装是为了展现专业形象、增强自信、融入企业文化等。因此，设计师需要明确职业装的穿着目的，并在设计中突出职业装的功能性和实用性，使其能够满足穿着者的需求和期望。

综合考虑以上五个设计定位要素，职业装设计师可以制订出更具针对性和个性化的设计方案。在满足目标消费群体需求的同时，考虑季节、地域、场合和穿着目的等因素，打造出时尚且专业的职业装形象。此外，随着社会和职场的不断变化，市场调研也应持续进行，以跟踪目标消费群体的需求变化和市场趋势，保持职业装设计的前瞻性和竞争力。通过准确的设计定位，职业装将更好地满足职场人士的着装需求，彰显其专业、自信和时尚的品质。

7. 主题构思

主题构思在职业装设计中扮演着关键的角色，是设计师表达设计意图和确定产品风格走向的重要手段。通过恰当的主题构思，设计师能够将职业装与目标消费群体紧密结合，满足他们的需求，同时体现设计师的创意和审美理念。在职业装设计的过程中，主题构思通常包括设计理念构思、款式造型构思、色彩图案构思、材料设计构思和配饰设计构思等方面。

（1）设计理念构思。设计理念是整个职业装设计的核心，是对设计师灵感和创意的凝聚。设计师可以从多方面寻找灵感，如时尚趋势、自然元素、文化艺术等，然后将这些灵感与目标消费群体的需求相结合，形成独特的设计理念。例如，可以以"自然与科技的融合""传统与现代的碰撞"等为主题，通过设计表达职业装的个性与魅力。

（2）款式造型构思。款式造型是职业装设计中的重要组成部分，直接影响着职业装的整体外观和穿着体验。设计师需要根据主题和目标消费群体的特点，确定合适的款式和剪裁，使职业装在保持专业性的同时，体现时尚和个性。例如，对于年轻时尚的职场人士，可以采用修身剪裁和时尚元素的设计，展现年轻活力的形象。

（3）色彩图案构思。色彩和图案在职业装设计中起着至关重要的作用，能够影响着装者的情感和形象。设计师需要根据主题和目标消费群体的喜好和特点，选择合适的色彩和图案，并进行巧妙的搭配和运用。对于不同行业和职业的职业装，色彩和图案的运用也会有所不同。例如，对于金融行业的职业装，可以选择稳重的色彩和简约的图案，展现专业和可靠的形象。

（4）材料设计构思。材料是职业装设计的基础，直接关系到职业装的品质和舒适度。设计师需要选择适合主题和穿着场合的面料，考虑面料的质地、光泽、手感等特性，以及其在不同季节的适用性。对于特定职业需要防护性能的职业装，还需要选择具有相应功能的高科技面料。例如，对于医护人员的职业装，可以选择抗菌透气的面料，以保障穿着者的舒适和安全。

（5）配饰设计构思。配饰是职业装设计中的点睛之笔，能够为职业装增色添彩，突显个性和品位。设计师需要根据主题和职业装的风格，精心挑选合适的配饰，并进行巧妙的搭配和应用。适当的领带、腰带、领饰等配饰能够让职业装更加精致和专业。同时，也要考虑配饰的实用性和舒适度，以保证穿着者的便利和舒适。

职业装的主题构思是设计过程中不可忽视的重要环节。通过合理的设计理念、款式造型、色彩图案、材料和配饰的构思，设计师能够打造出与目标消费群体紧密结合、满足他们需求的职业装形象。同时，随着时尚和职场的不断变化，主题构思也应持续更新，以保持职业装设计的前瞻性和竞争力。只有不断创新和满足市场需求，职业装设计才能在激烈的市场竞争中立于不败之地。设计师需要不断学习和探索，将创意与实用相结合，为职业装市场带来更多的新风尚和价值。

第二节　职业装分类设计

职业装从行业角度划分，一般可以分为办公室人员的服装、服务人员的服装和作业人员的服装。每个行业的职业装都有其独特的特点和风格，以适应不同工作环境和职业需求。

办公室人员的服装注重正式、专业、得体的形象。这类职业装多以西装为主，男性常穿着西装套装搭配领带，女性则穿着套装或职业裙装。西装风格简洁大方，彰显专业与稳重的氛围，适合在商务场合和办公环境穿着。

服务人员的服装着重体现服务行业的特点和企业文化。例如，酒店、餐厅、航空等服务行业的职业装往往采用制服的形式，统一的服装能够展现服务标准和专业性。服务人员的职业装不仅要注重舒适性和便捷性，还要体现出服务场所的特点和品牌形象，以提供专业、高效的服务。

作业人员的服装主要用于车间、工厂等作业场所，重点考虑安全性和舒适性。这类职业装常以工装为主，采用耐磨、防护、透气等功能性材料制作。作业人员的职业装还可根据具体工作环境的特点，如高温、低温、潮湿等，设计出不同款式的特种制服，以保障员工的安全和工作效率的提升。

从产品的角度划分，职业装又可以分为西装、时装、中式服装、制服、特种服装等。

西装和时装主要适用于办公室人员或服务行业，中式服装一般在传统文化氛围的场所穿着，强调中国传统文化的底蕴和韵味，制服适用于服务行业或特定的工作环境，特种服装关乎生命安全的防护，常用于军队、消防、医疗等特殊职业领域。

一般将职业装分为四大类：职业制服、职业时装、职业工装和职业防护服。

一、职业制服设计

职业制服是为了体现特定行业特征与其他行业区分开来而设计的服装。职业制服的设计要符合行业需求，体现行业特色，并能规范从业人员的职业行为。

职业制服的首要特点是元素统一性和标志性。不同行业的制服应该在视觉上有明确的行业识别度，以区别于其他行业的服装。例如，空乘、飞行员、海关、邮政等行业都有具有鲜明标志性的制服，这些服装在外观上能够清晰地表现出其所属行业，给公众留下深刻的印象。标志性的制服有助于增加从业人员的职业专业感和权威感，增强行业形象的吸引力（图2-1）。

图2-1 山航新一代空勤制服

职业制服要具备功能性。不同行业的工作环境和职业要求不同，因此，职业制服在设计和材料选择上应考虑其功能性。一方面，职业制服要能够提供适当的防护作用，确保从业者在工作过程中的安全。例如，军装的设计不仅体现出军人的庄严感，还具备防摩擦、防火、阻燃、耐拉伸等性能。另一方面，职业制服应该注重舒适性，以提高从业者的工作效率。特别是在需要长时间穿戴的职业，如医护人员、教师等，舒适性尤为重要。

（一）宾馆酒店服务类

宾馆酒店服务类的职业装主要适用于各类宾馆、酒店、餐厅、咖啡厅、商务会议厅、酒吧等服务行业，其设计要求款式和色彩能够充分展现该行业的精神风貌（图2-2）。这类职业装的设计需要对款式和色彩有高度的敏感度，并考虑到不同场景和职位的需求，因此，品类比较丰富。

宾馆酒店服务类的职业装，面料的选择非常重要。常见的适用面料包括织锦缎、色丁、卡丹皇、制服呢、新丰呢和仿毛贡丝锦等。这些面料具有舒适、耐磨、易护理的特点，适合长时间穿着和频繁洗涤，能够满足酒店、餐厅等服务行业的特殊需求。

宾馆酒店服务类职业装的款式设计应注重细节和个性化，能体现专业、整洁、高贵的形象。对于不同职位的从业者，可能会有一些差异化的设计，如前台接待员的职业装会注重大方得体，而酒吧服务员

图2-2 酒店服务员工作服
（图片来源：百度图片）

的职业装则更加时尚前卫。职业装的色彩也要与酒店、餐厅等场所的整体风格相协调，以增强员工的专业感和企业的品牌形象。

宾馆酒店服务类的职业装设计要求对行业的特点有深刻理解，注重款式的多样性和细节的完善，同时选择适合该行业工作环境的面料，以打造出舒适、时尚、具有标志性的职业装，使员工在工作中更加自信和专业。

（二）商场服务类

商场服务类的职业装主要适用于各类商场、超市、营业厅、商业促销场所和连锁专营店等服务行业。商场作为零售业的核心场所，对员工形象要求较高，因此，商场服务类的职业装设计应该注重款式的简洁大方、热情，同时对色彩有较高的敏感度。商场服务类职业装的设计要体现专业性和亲和力，使员工在工作中既能展现出专业的工作态度，又能传递出友好的服务态度（图2-3）。

商场服务类的职业装，常用的面料包括各种涤棉、仿毛、化纤等，这些面料的选择以适应长时间的穿着和频繁的工作环境，以及商场内部的氛围和温度，确保员工在不同场景下都能感到舒适和自信。

商场服务类职业装的款式设计应简洁大方，注重细节处理，通常会采用修身剪裁，使员工的形象更加干练利落。同时，款式细节设计要考虑员工的工作需要，如前台接待员需要口袋方便放置小物件，营业员需要短袖

图2-3 商场职业装

设计以适应夏季的高温。款式设计的灵活性和多样性，能够满足不同职位员工的需求，让员工在穿着职业装时感到舒适。

色彩在商场服务类职业装设计中也很重要。通常会采用活泼明快、吸引眼球的色彩。员工穿着色彩明快的职业装，能给顾客带来愉悦和舒适的感觉，从而提高顾客的满意度和购买意愿。

商场服务类职业装通过合理的款式设计和色彩搭配，能够体现出商场员工的专业形象和亲和力，提升员工的工作自信心和服务态度。

（三）医疗卫生类

医疗卫生类的职业装主要适用于医疗单位、美容整形机构、保健康复机构等医疗行业。医疗行业对员工的着装要求非常严格，职业装设计需要兼顾专业性、舒适性和卫生性。医疗卫生类职业装的设计注重实用性和功能性，以确保医务人员在工作中能够自由行动，同时保持专业形象。医疗卫生类职业装的款式通常比较单一，主要以白色为主色调。白色被认为是医疗行业的代表色彩，能够给人以清洁、整洁的印象，同时也符合医疗行业对卫生要求的标准。除了白色，有些医疗机构也会选择淡蓝色、淡绿色等柔和的颜色作为辅助色彩，以增加职业装的舒适感和亲和力（图2-4）。

图2-4　外科医生工作装

医疗卫生类职业装常用面料主要包括全棉纱卡、涤卡和涤线面料等。全棉纱卡面料具有透气性和舒适性，是医务人员长时间穿戴的首选面料之一，涤卡和涤线面料具有耐磨、易护理等特点，非常适合医疗行业的工作环境。

医疗卫生类职业装的设计注重舒适性和易护理性。医务人员通常需要长时间站立或行走，所以，职业装设计要考虑到医务人员的工作需求，保证他们在工作中能够自由灵活地运动。同时，职业装设计也要便于清洗和消毒，以确保医疗卫生的标准。医疗卫生类职业装的功能性也非常重要。医务人员需要经常接触患者和医疗器械，因此，职业装设计要考虑到防护功能。有些医疗卫生类职业装设计会增加口袋或者侧袋，方便医务人员携带常用的医疗工具。同时，职业装的设计也要符合医疗行业的安全标准，避免不必要的风险和伤害。除了专业性和功能性，医疗卫生类职业装的设计也要注重体现医疗单位或机构的品牌形象，增加患者的信任和满意度。

（四）行政事业类

行政事业类的职业装主要适用于各种执法、监管等服务部门，包括公安、税务、工商、环保、国土、城管、水政等机构。这些部门通常要求员工穿着统一的职业装，以体现其权威性、严肃性和专业性。行政事业类职业装的设计要求款式简洁大方，色调多以深色为主，如深蓝色、深灰色等，以体现其严肃和稳重的形象。设计上要避免过于花哨或个性化的元素，更多地注重体现整体的统一（图2-5）。

图2-5　行政职业装

面料选择上，行政事业类职业装通常采用耐磨、易护理的面料。一方面，从业者在工作中可能需要频繁地出差、执法，面临各种复杂的环境，所以面料的耐磨性和耐用性非常重要。另一方面，为了方便从业者的日常护理，选择易清洗、易熨烫的面料，以保持职业装的整洁和整齐。行政事业类职业装的设计还需考虑员工的工作特点和需求。例如，公安执法人员通常需要携带警械，所以设计上要考虑到口袋的合理布置；税务、工商等部门的工作人员需要频繁地出示证件或文件，因此，职业装的设计要便于取用和实用。

行政事业类职业装的设计也要兼顾员工的舒适感。在一些需要长时间工作的岗位上，从业者需要穿着职业装一整天，所以舒适性非常重要。要选择透气性好、柔软舒适的面料，确保从业者在工作中能够自由舒展。最后，行政事业类职业装的设计也要符合相关法规和标准。在一些特殊岗位，如公安、消防等部门，可能会有特殊的安全要求，职业装的设计要确保从业者的安全，防止意外事故发生。

因此行政事业类职业装的设计要注重严肃、专业、实用、舒适、符合法规和安全要求。通过合理的设计，行政事业类职业装能够为各种服务部门营造出统一、严谨的形象，提升部门的专业性形象，为从业者的工作提供便利和支持。

二、职业时装设计

职业时装是指适用于工作场合的时尚服装，它不仅要满足职业形象的要求，还体现了时尚和个性。职业时装在现代社会越来越受到重视，因为人们意识到穿着不仅是外在形象的表现，还与个人的自信、专业性和成功感息息相关。

1. 职业时装的风格

职业时装的风格应该注重简约、大方、得体，同时也要与所从事的职业相匹配。不同行业有不同的着装要求，例如，在企业管理领域，职业时装可能更偏向西装套装，展现严谨和权威；而在创意行业，职业时装要能体现自由、前卫和个性。

2. 面料

职业时装的面料应该具有舒适性和透气性，以确保在长时间的工作环境中保持舒适。优质的面料能帮助服装保持整洁和不易皱起，增加职业形象的专业感。

3. 配饰和细节

在职业时装设计中，适度的配饰可以增添时尚感，但过多或过于夸张的配饰会显得不专业。适当的细节处理，如褶皱、纽扣、袖口等，都要注重细致的设计。

4. 个性化和公司文化

尽管职业时装应该遵循一定的职业规范，但也要允许一定的个性化表达。公司的文化和价值观也应该融入职业时装的设计中，以展现出企业的独特魅力和特色。

5. 环保和可持续性

在时尚产业日益受到环保和可持续性关注的背景下，职业时装设计应该考虑环保因素。选择环保材料和可持续生产方式，有利于减少对环境的影响，符合现代社会的时尚潮流。

职业时装融合了职业形象、时尚趋势和个性表达的服装，对于职场人士来说，穿着得体的职业时装能够增强自信心和专业形象，更好地适应工作场合。职业时装的设计应该不断与时俱进，符合社会的多样化需求和时尚变化，体现出时尚产业的责任和创新（图2-6）。

图2-6 The Row 职业时装

三、职业工装设计

职业工装是专为从事特定职业或工作的人员设计的服装。职业工装更注重功能性、舒适性和耐久性，以满足工作环境的要求和保障从业者的安全。职业工装在不同行业和职业中有着不同的应用和特点（图2-7）。

1. 功能性和安全性

职业工装的首要任务是提供必要的保护和安全性，以防止在工作过程中发生意外。有些职业需要防护服装，以阻挡有害物质、高温、火焰等对身体的伤害。有些职业工装还要具备防水、防静电、防尘、防辐射等特性，以适应不同的工作环境。

2. 耐用性

职业工装通常频繁穿着，因此，它们需要具备较高的耐久性。经过反复的洗涤和穿着，职业工装应该能够保持其结构和外观，不易磨损或褪色。

3. 舒适性

尽管功能性和安全性至关重要，但舒适性也是职业工装需重点考虑的因素。由于从业者可能需要长时间穿着工装，所以工装应该具有透气性、柔软性，以确保工作期间的舒适感。

图2-7 工厂工装

4. 行业特色

不同行业有不同的职业工装设计要求，职业工装应该与行业特点相匹配，体现从业者的身份和专业性。

5. 公司品牌

对于某些企业，职业工装也可以成为展示公司品牌形象的重要媒介。通过工装的设计、颜色和标识，可以突出公司的品牌形象，增强企业的认知度和形象。

6. 可持续性

随着对环保和可持续发展的日益关注，越来越多的职业工装开始关注可持续性因素。使用环保材料和可持续生产方式，减少对环境的影响，这些在设计职业工装时是必须考虑的因素。

四、职业防护服设计

职业防护服是为特定职业或运动而设计的专业服装，其主要目的是保护从业者或运动员免受潜在危险和伤害，以满足其特定领域的需求。不同类型的职业防护服具有各自独特的特点，下面将对职业赛车服、职业摩托车服、职业骑行服和职业运动服进行讲述。

1. 职业赛车服

职业赛车服是为赛车运动员设计的专业防护服，主要用于汽车、摩托车等赛车比赛。这些服装通常采用防火材料，以提供防火和防热保护。赛车服通常具有多层设计，外层采用阻燃面料，内层加入吸湿排汗材料，以保持运动员在高温环境下的舒适感（图2-8）。赛车服还会配备护颈、护膝、护肘等防护装置，以减少碰撞和意外情况对运动员的伤害。

图2-8 职业赛车服

2. 职业摩托车服

职业摩托车服是为摩托车运动员设计的专业防护服，用于在高速运动中提供防护。摩托车服一般采用耐磨、耐撕裂的材料，如高强度尼龙、皮革等，以保护运动员免受摔倒、摩擦和碰撞带来的伤害。摩托车服通常还配备护肘、护膝、护肩等装置，提供额外的防护。同时，摩托车服还要考虑通风设计，以确保运动员在骑行时的舒适感。

3. 职业骑行服

职业骑行服是为职业自行车运动员设计的专业服装，用于在自行车比赛中提供防护和提升运动员表现。骑行服采用透气、吸湿排汗的面料，帮助运动员在骑行时身体保持干爽和舒适。骑行服一般采用紧身设计，以减少空气阻力，提高速度。此外，骑行服通常还配备三袋设计，方便运动员携带食品和水壶。

4. 职业运动服

职业运动服适用于各种体育运动，在训练和比赛中提供防护和舒适性。运动服根据不同运动的需求，采用不同面料和设计。例如，篮球运动员的运动服需要柔软、透气的面料，以便灵活移动；足球运动员的运动服需要耐磨、抗撕裂的面料，以保护身体不受伤害。运动服通常还会加入团队的标志和标识，以展现团队的形象。

5. 职业安全防护服

职业安全防护服主要适用于工业、建筑、化工、病毒、矿山等防护职业，用于保护工人在高风险环境下的安全。这些服装一般采用防火、防静电、耐酸碱、防刺穿等特殊材料，以保护工人免受化学品、高温、电弧等危险因素的伤害。职业安全防护服通常还配备安全帽、安全眼镜、防护手套等装置，提供全方位的防护（图2-9）。

职业防护服在不同的职业和运动中发挥着重要的作用。它们通过特定的材料、设计和装置，为从业者和运动员提供必要的防护和舒适性。

图 2-9　杜邦 Tychem 6000/F 级
化学防护服耐强酸碱　辐射
实验化工防化防护服

五、校服设计

校服作为一种特殊的服饰，既是学生日常着装的必备品，也是传递校园文化和传统文化的重要媒介。近年来，我国对学校美育工作的重视程度不断提高，校服设计逐渐成为一个热门话题。设计师在进行校服设计时，应积极融入传统文化元素，构建具有中国特色的校服体系，为中小学生的美育提供积极的影响（图2-10）。

1. 注重传承和发扬传统文化

中国拥有悠久的历史文化和多样的民族文化，其中的传统服饰元素是丰富的宝库。设计师可以通过挖掘传统服饰的元素，将其融入校服设计中，让学生在穿着校服的过程中感受到传统文化的魅力（图2-11）。

图 2-10　飒美特校服设计

图 2-11　中国特色的校服设计

2. 符合学生的审美取向和文化认知

青春期的中小学生正处于审美意识形成的关键时期，因此，校服设计应考虑学生的审美喜好和文化认知。设计师可以通过市场调研和学生问卷调查等方式，了解学生对校服的喜好和意见，根据他们的需求和心理特点进行设计。同时，设计师还可以通过举办学生参与的校服设计活动，让学生参与校服设计的过程，增加学生对校服的认同感和归属感。校服设计要体现现代精神特征和当代文化元素。校服作为学校品牌的识别符号，也是学校形象的代表，应当与时俱进，反映时代的潮流和文化脉络。设计师可以通过引入当代流行元素和时尚设计理念，让校服更加符合学生的审美追求和时尚需求。同时，校服设计还应当体现学校的办学理念和特色，传递学校的核心价值观，让校服成为学校文化的一部分。

3. 考虑实用性和舒适性

校服作为学生日常穿着的服装，应当具有较好的舒适性和耐穿性，以满足学生的实际需求。设计师在选择面料和款式时，应当注重材质的质量和穿着的舒适度，确保学生在穿着校服时感到舒适自在。同时，校服设计还应考虑校园气候和季节变化，合理安排校服的款式和颜色，以适应不同的季节和天气。

校服作为学校规定的学生服装的统一样式，具有标志性和代表性，是学校文化和传统的重要组成部分。校服的历史可以追溯到欧洲的中世纪早期，最早起源于人们在宗教活动中统一穿着的衣服款式。真正意义上的校服出现于英国教会开办的学校，其款式带有当时教士装扮的风格，被称为"蓝制服"，因此被认为是世界上最早的校服。校服作为学生的统一着装，起初是为了区分学生和普通市民，使学生在校园内外能够容易被辨识出来。随着时间的推移，校服逐渐演变成为学校的象征和标志，反映学校的特色和文化。

随着教育的发展和全球化的影响，校服文化逐渐传入各个国家和地区。在中国，校服已成为学生学习生活的组成部分。不同学校的校服款式各异，有的采用传统的中式元素，有的融合现代时尚设计，有的强调校园文化和学校特色。校服不仅满足学生的日常着装需求，更体现了学校的办学理念和精神面。校服的设计不仅是款式和颜色的选择，更体现学校文化的传承和发展。设计师在进行校服设计时，要考虑学校的特色和传统，融入学校的教育理念和核心价值观。校服作为学校的象征，应该体现学校的品牌形象和特色文化，让学生在穿着校服的同时，感受到学校的荣誉和自豪。

此外，校服的舒适性和实用性也是设计过程中需要重视的方面。学生每天都会穿着校服参与各种活动，所以校服的舒适度和耐穿性非常重要。设计师要选择优质的面料和合理的剪裁，确保学生在穿着校服时感到舒适自在。同时，校服的款式和结构也要符合学生的日常活动需求，方便学生进行各种运动和活动。精心的校服设计，可以增强学生的校园归属感和荣誉感，促进学校文化的传承和发展。

六、设计方法

职业装设计包括款式设计、色彩设计和面料设计。造型设计是职业装设计的前提。职业装的色彩是先进入视觉系统中，是形成行业象征的关键，也能够体现企业文化的基本风貌。面料设计一般表现在对面料的选择和搭配上，通过适当的面料搭配来表达设计效果。面料的选择决定着服装的品质和定位，职业装相对于时装更加注重面料的功能性。

（一）造型设计

造型决定了职业装的基本款式，是服装款式设计的第一步。在实际设计中，造型设计必须要符合职业装的特性。职业装的设计需要考虑其应用性，首要目标是展现特定标识性，突显职业身份象征和社会符号。同时，功能和防护也是职业装设计中重要的考虑因素。合理的造型设计在整体和局部上都有所制约，因此，职业装的造型设计在考虑穿着环境和范围的基础上构造服装样式。

在所有造型设计中，点、线、面、体是最基本的准则和基础，也是职业装造型形式美的基础要素。在服装造型设计中，按照形式美的规律和法则，通过对点、线、面、体的组合、分割、积聚和排列来创造各种款式的服装，以适应不同职业装的要求。

点是最小的造型单元，可以是一个装饰品、纽扣或是袋口的设计。线条则是连接和衔接点的元素，它们的长度、粗细、弯曲程度都能影响整体的视觉效果。面是造型的平面表现，决定着服装的整体外观，包括服装的主体部分和各种细节设计。体则是在三维空间中的表现，是考虑服装的贴合度、廓型等因素，以确保穿着舒适和合身。

在职业装设计中，点、线、面、体的组合不仅要满足审美需求，还要传达职业装的特定信息和功能。不同职业要求不同的服装样式，点、线、面、体的组合可以传递出不同的职业氛围和形象。例如，严谨的线条和简洁的面料在金融行业的职业装中体现专业和稳重的形象，而在创意行业，可以通过点缀一些有趣的装饰和充满活力的线条来突显个性和创造力。

除了点、线、面、体的运用，色彩也是职业装造型设计的重要一环。不同行业对色彩的要求各不相同。比如，医疗行业偏向于清爽的蓝色或白色，而艺术行业偏向于开放和大胆，色彩的运用可以表达出行业的特性和文化。职业装的造型设计是一个综合考虑各种因素的过程，既要考虑穿着环境、职业要求、审美趣味等因素，又需要注重细节，将点、线、面、体和色彩等元素巧妙地融合在一起，打造出符合职业要求的服装。

1. 职业装造型点的应用

职业装造型设计中的点是最基本的单位，也是最简洁且最活跃的要素。它拥有吸引人目光的特性，因此，在服装设计中，点的运用成为服装的亮点。点作为构成形式美的基本元素，其重复可以形成节奏感，组合起来能够产生平衡感，从而协调整体，达到整体统一的效果。

点在职业装设计中有着独特的特点。首先，点具有向心的特性，意味着人的视线会自然地聚焦于点的位置，增加服装的吸引力。其次，点可以表现出平稳的特征，使服装的造型看起来稳重、不失和谐。对称是点另一个重要的特点，使服装看起来整齐、端庄。此外，点还能赋予服装动感和韵律，增添了服装的生动和活泼氛围。同时，点也可以通过不同的排列方式表现出混乱感，使服装看起来更加有趣和富有变化。

在服装上，点是不可或缺的重要构成要素。点的运用可以起到点睛之笔的作用。点的表现形式可以分为聚集点（图 2-12）和分散点（图 2-13）。聚集的点将视线集中在一个点上，视觉冲击力较强，使服装显得更加突出和醒目。而分散的点视觉冲击力较弱，相对柔和，能够营造出更为温和和舒适的效果。在职业装造型设计过程中，设计师必须深刻理解点的特性和表现形式，并善于巧妙地将其融入服装设计中，以创造出更具吸引力和个性化的职业装。点在职业装上的应用，主要体现在服装的图案和饰品上（图 2-14）。

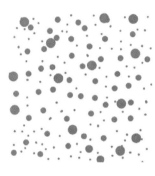

图 2-12　聚集点图　　　　　图 2-13　分散点图　　　　　图 2-14　点的应用

点在空间的不同位置、形态以及聚散变更都会引起人的不同视觉感受，是设计和艺术中的重要考虑因素。让我们深入探讨这些视觉感受是如何产生的。

（1）点在空间中的位置。当点处于空间的中心位置时，它会产生一种扩大和集中感。这是因为人眼倾向于聚焦在中心点上，使其看起来更为突出。此时，如果点比较大，会给人以活泼、跳跃的感觉，而较小的点则会营造出文雅、恬静的感觉。这种大小对比让我们联想到点的动态和能量，从而影响我们的情绪和心境。另一方面，当点位于空间的一侧时，会产生一种不稳固的游移感。这是因为点与空间的其他元素相比，处于一种不平衡的状态，使我们的目光不由自主地被吸引和移动。这种视觉效果在一些艺术品和设计中被广泛运用，用于传达不安定、混乱或隐秘的主题。

（2）点的排列方式对视觉感受产生影响。当点竖直排列时，我们会感觉到一种拉伸的苗条感。这种排列方式赋予空间一种垂直方向上的稳定性和平衡感。同时，如果几个点朝着同一个方向延伸，我们会感受到一种明确的方向感。这可以在设计中用于引导人们的目光或传达特定的视觉信息。点的对称性也是影响视觉感受的一个关键因素。当点的左右两边比重相同时，会产生一种稳定感。这种对称性让我们感觉到空间的平衡与和谐，给予我们一种安心感。在艺术和设计中，艺术家和设计师经常利用这些视觉感受来传达特定的情感、主题或信息。通过巧妙地运用点的大小、位置、排列和对称性，引导观看者的目光，影响情绪，甚至改变观看者对作品的解读。

所以点在空间中的位置和形态以及它们之间的聚散变化，都能在我们心中勾勒出不同的视觉感受。这种视觉语言是艺术和设计领域中不可或缺的元素，帮助我们理解、欣赏和与作品产生共鸣。通过对这些视觉感受的深入理解，我们可以更好地欣赏和解读身边的美妙世界。

2. 职业装造型线的应用

线在服装设计中是构成服装造型的基本元素。设计师可以通过线条的运用设计出服装的廓型和结构，来营造不同的视觉效果。

（1）不同类型线所传达的感觉和影响。

①水平线：水平线在职业装中的应用非常普遍。水平线给人以稳重、端庄的感觉，适用于正式场合的职业装，展现专业的形象。

②垂直线：垂直线也是常见的设计元素，它能够在视觉上拉长身形，让人看起来更为高挑。在职业装中，垂直线的应用是通过纵向的裤子或连衣裙来实现。

③曲线：曲线则具有柔美、流畅的特点，它能够为职业装增添柔和的气质。优雅的曲线领口或腰带能够使整体女性造型更加富有魅力。

④虚线：虚线相对于实线来说是更为轻盈的线条，在职业装中的应用不那么常见。然而，当虚线被运用到职业装设计中时，可以赋予服装一种独特的时尚感，让整体造型更为个性化。

除了线的类型，线的组合方式也是影响职业装设计的因素。例如，线条的交叉、重叠或并列排列，都会产生不同的视觉效果。合理运用线的组合方式可以突出服装的结构和轮廓，让整体造型更具层次感和立体感。

服装中的线是一种强有力的表现手段。不同类型的线条，都能赋予职业装不同的视觉感受。设计师可以根据不同场合和服装风格的需求，巧妙运用线条元素，创造出独特而又富有魅力的职业装作品。因此，对于时尚设计师来说，熟练掌握线条的运用技巧是打造成功职业装作品的关键。

（2）线的特征。

①水平线：广阔、静止、柔和、安定，产生横向扩张感，水平线依次排列产生一种运动感，比如运动职业装。

②垂直线：严格，男装中用的较多，呈现威严感和秩序感。

男西装、军装、警服等，都利用线条的长短来创造独特的视觉感受。短线条是一种干脆利落的设计元素。当服装采用短线条时，会传达一种坚定、果断和专业的感觉。这在男西装、警服等职业装中特别常见。短线条突显了服装的结构和轮廓，使整体造型更显简洁有力（图2-15）。

长线条则赋予服装柔美飘逸的特质。当服装运用长线条时，能够传达一种优雅、舒展和温柔的感觉。军装中的飘带

图2-15　短线设计

和裙摆设计，以及一些女性职业装中的长裙或长外套，都是运用长线条来表现柔美气质的典型例子。长线条的流畅性和连续性使服装显得更为优雅和轻盈。

长短线条巧妙搭配使用能增加服装的空间感。通过在服装上交错运用短线条和长线条，可以创造出丰富的层次感和立体感。例如，在军装的设计中，短线条的军装领与长线条的飘带相结合，营造出一种既有严谨军事风格又不失柔美优雅的形象。同样，将短线条的收腰设计与长线条的延长裙摆结合在一起，可以为女性职业装增添一份时尚的空间感。线条的长短在服装设计中扮演着重要的角色。巧妙地将长短线条搭配运用，则能够增加服装的层次感和立体感，创造出更加丰富多样的服装效果。

③曲线：在时尚设计中，曲线是一种丰富而有弹性的线条元素，它能够赋予服装更加柔和的感觉，让整体造型显得更为柔软和优雅。曲线的运用在女性职业装设计中特别常见，因为它能够为女性增添特有的柔美和优雅。

曲线的特点是其弯曲的形态，呈现出流畅和优美的特质。在女性职业装中，设计师常常运用曲线设计女性职业装的连衣裙，腰部和裙摆常常采用曲线剪裁，以突出腰线和曲线曼妙的裙摆，让女性在穿着时展现出优雅迷人的气质。

除了强调身体曲线，曲线的运用还能够赋予服装更多的变化和层次感。在女性职业装的设计中，设计师运用曲线进行收腰设计，通过腰部的弧线剪裁，使整体造型更显纤细，从而塑造出女性婀娜多姿的形象。此外，曲线还可以用于打造服装的裙摆或袖口，让整体造型呈现出更多层次和流动感。曲线的装饰性运用在女性职业装中大显身手，如服装上的蕾丝、荷叶边等常采用曲线形状，这些曲线装饰使得整体服装更为细腻和优雅，为女性职业装增色不少。

曲线的运用在女性职业装设计中起到了不可或缺的作用，它能让女性职业装在造型和装饰上都显得更具个性和魅力。这样的设计作品不仅为女性带来职场成功的自信，更是迷人优雅的自我展现。

④虚线：在服装设计中，虚线可以作为外部廓型的设计线，也可以作为内部的装饰线，还可以构成面料独特的图案。内部装饰线是指在服装内部的布局，这些内部装饰线在外观上不会直接展现，但却为服装增色不少。例如，在女性职业装的内部里衬上添加优雅的虚线装饰，能够为整体造型增添一份精致和女性魅力。

除了装饰性的运用，虚线在服装中还常常构成各种美丽的图案。设计师可以巧妙地运用虚线元素，创造出独特的图案，如蕾丝花边、流畅的曲线花纹等。这些图案让服装更具艺术感和视觉吸引力，此外，曲线的虚实也是一种在服装设计中常见的表现手法。线条本身可以是实线或虚线，它们会带来不同的视觉效果。实线通常给人以坚定、稳重的感觉，适用于正式场合和职业装的设计。而虚线则更具柔和、轻盈的特点，常用于打造优雅和浪漫的服装形象。

除了线条本身的虚实，线条形式的面料也会影响人们对服装的感受。厚实或不透明的线条面料给人比较"实"的感觉，这种面料常用于打造厚重的外套或职业装，突出服装的稳重和实用性。相反，轻薄或透明的线条面料给人"虚"的感觉，这种面料常用于轻盈的连衣裙、蕾丝花边等设计，增添服装的柔美和浪漫气息。曲线作为内部装饰线和构成图案的设计元素，在服装中发挥着重要的作用。它们能够为服装增添艺术性和个性化，使服装在外观和内在都更具魅力。虚实的巧妙运用和面料的选择，为服装赋予不同的特质和气质。时尚设计师通过巧妙地运用虚线元素，能够创造出独具风格和个性的服装作品，让穿着者在职业场合中展现出自信、优雅和魅力。

（3）线在职业装上的表现形式。

职业装中的造型线主要包括服装的轮廓线、基准线、结构线、装饰线和分割线等。

①轮廓线：职业装中的轮廓线变化不大，每年的流行趋势对其有一定影响，服装轮廓线的变化，不仅表现在服装风格主题的变化，而且能体现时代的风貌与变迁。另外，时装流行性的重要特征也在于服装款式轮廓线的变化，尽管有时这种变化是极其微妙的。服装轮廓线的变化，主要表现在支撑衣服的肩、腰、臀、底边和围度等几个部分。服装款式设计要根据着衣对象，设计风格及世界流行趋势，通过肩部处理，腰部、臀部的形态变化，底边线的形态，长短变化以及胸围、腰围、臀围三围上作松紧变化，使职业装呈现多种形态与风格。

②装饰线：在服装上具有装饰和实用的作用。局部的明线装饰有时尚、醒目的审美效果。

装饰线在职业装中扮演着重要的角色，不仅为服装增添美感和时尚元素，还能突出着装者的个性和品位。在职业装的设计中，合理运用装饰线可以使服装更具视觉吸引力，塑造出独特而专业的形象。

一种常见的装饰线是镶边线。镶边线是将与主面料颜色相搭配或形成对比的细带或细绳缝制在服装的边缘或局部位置，以起到装饰和强调效果。在女性的职业装中，常用于领口、袖口、下摆和口袋等部位，使整体造型更加精致优雅。在男性的职业装中，镶边线通常用于衬衫的领口和袖口，为简约的设计增添一丝细节感。

除了镶边线，装饰线还可以通过刺绣、珠片、亮片等形式呈现。精美的刺绣图案可以让职业装更加华丽高贵，适用于重要的正式场合。而闪耀的珠片和亮片则赋予职业装独特的时尚感。

装饰线的颜色和材质也是设计时需要考虑的要素。选择与主面料相近或对比鲜明的颜色，可以实现不同的装饰效果。例如，黑色或白色的装饰线通常能使职业装更显端庄稳重；而鲜艳的彩色装饰线则能增添活力和时尚感。在材质上，天然纤维棉、丝和毛以及人造纤维如尼龙和聚酯纤维等都常用于制作装饰线。此外，装饰线的宽度和样式也需要根据服装的整体风格来调整。对于风格简约的职业装，细而简洁的装饰线更为合适，使得整体造型不会显得过于烦琐；而在时尚前卫的职业装中，可以选择宽幅和有特色的装饰线，突出服装的时尚氛围。值得注意的是，装饰线的设计应当符合职业装的整体主题和着装场合。在正式的职场环境中，装饰线的运用要适度，以避免给人造作或不专业的印象；而在休闲或派对等非正式场合，可以大胆地运用装饰线，表现出个性和时尚品位。

装饰线的缝制工艺也是决定装饰效果的关键。精湛的手工缝制能使装饰线与主面料融为一体，呈现出高质感。另外，现代的缝制技术和设备也能实现装饰线缝制，能提高生产效率和品质稳定性。装饰线是职业装中一项重要的设计元素，通过合理运用装饰线，可以使服装更具视觉吸引力和时尚感，塑造出独特而专业的形象。

③褶裥线：常用在裙装、礼服的设计中，随着褶裥的大小、深度、疏密的变化形成丰富的视觉表现形态。职业装中的褶裥线是一种常用于裙装和礼服设计中的装饰元素。褶裥线通过将布料折叠和固定在服装上，创造出美观的褶皱效果。褶裥线的大小、深度、疏密程度的变化为职业装增添了丰富的视觉表现形态。设计师可以灵活地运用褶裥线，设计适用不同场合和风格的职业装，营造出不同的氛围和风格。

褶裥线的设计可以根据职业装的整体风格来选择。在正式的职业装中，适度的褶裥线可以增加服装的垂感和质感，展现出优雅和专业的气质；而在时尚前卫的职业装中，大胆且规律地运用褶裥线，可以带来独特的时尚感和个性。褶裥线的处理需要考虑着装者的体型和身材比例。对于身材较瘦弱的人，适当的褶裥线可以增加服装的立体感和视觉效果，使整个人显得饱满；对于身材丰满的人，过多的褶裥线可能会加重身体的视觉负担，显得臃肿。因此，在设计职业装时，设计师需要根据着装者的身材特点，恰到好处地运用褶裥线，让服装既美观又合体。

此外，褶裥线的颜色和材质也是设计中需要考虑的重要因素。通常，与职业装主体面料相同颜色或类似色调的褶裥线可以使服装整体感更强，而不同颜色的褶裥线则会突出装饰效果，给整体造型增添亮点。在材质方面，可以运用与主面料相同或相似的材质，也可以选择有质感的特殊面料，如丝绸、蕾丝等增加服装的华丽感和高贵感。

除了裙装和礼服，褶裥线在职业装的上衣设计中也有所运用。例如，在女性的职业上装的袖口处加入褶裥线，使袖子更加立体和优雅；在男性的职业上装褶裥线可以用于设计领口和袋口等部位，为整体造型增添细节和个性。

值得注意的是，褶裥线的处理需要精细和熟练的技艺，以确保褶裥线的对称和匀称。一旦褶裥线处理不当，会影响到服装的整体效果，甚至破坏了整个造型的和谐性。因此，服装设计师需要具备扎实的技术功底和审美水平，在褶裥线的选择和处理上下功夫。

3. 职业装造型面的应用

在服装设计中，面是最强烈、最具有量感的造型元素，也是服装的主体。服装的轮廓线、结构线、分割线对服装材料的不同切割所形成的形状都属于面。服装本质上由许多衣片（面）缝合而成。

面的特性在服装造型设计中非常重要，不同特性的面能赋予服装不同的风格和表现。以下是几种常见的面的特性及其所体现的风格：

（1）方形面。具有庄重、平稳、正直的特性，给人以尊严、大度、刚直不阿的感觉，常用于体现男性气质的男装职业装设计。如西装、中山装、夹克衫等，从外轮廓、肩部装饰线到袋形，常以直线与方形面组合构成。在女装职业装中也有一定的应用，如筒裙等。

（2）圆形面。具有饱满、光滑、流畅的特性，给人以美满、圆韵的感觉，适宜表现丰满、娇美的女性风韵，多用于女职业装设计。如圆摆裙、吊钟型裙等，局部造型如插肩袖、大圆领、圆角衣袋和衣摆等。男职业装中也有采用方形面与圆形面相结合的造型，如插肩袖的风衣、大衣等，显得刚中含柔，别具一格。

（3）三角形面。用倒三角形面夸张男上衣的肩部造型，给人以活泼、锐利的力量感，是男性职业装造型的基本特征；用正三角形面夸张女衣裙的臀部造型，给人以稳重、娴静的温存感，是女性职业装造型的理想形态。

（4）曲面。服装穿在人身上，其造型表现为多种不同形态的曲面。各种点、线的表现都在这些曲面上展现，给人以洒脱多变的感觉。例如，葫芦形曲面由两条对称曲线组成，柔和有韵律感，旗袍属此造型。喇叭形曲面呈上紧下松的形态，自然而潇洒，喇叭裙属此造型。

在概念上，面是线的运动轨迹，是有一定广度的二维空间，分为平面和曲面两种。而在服装设计中，面的特点实际上是多种曲面的立体形式，通过这些曲面的组合与结合，形成了丰富多样的服装造型。面在服装上的表现形式中，平行四边形应用非常广泛，尤其是菱形，在针织或机织毛衣中尤其常见。面在服装上首先体现为面料裁片，通过对不同面料的重组拼合，形成了服装的立体空间造型。设计师在设计过程中要考虑面料的特性和延展性，以确保最终的服装造型符合设计意图。

通过对不同形态的面进行组合，能设计出各种风格职业装，满足不同消费者的需求。

4. 职业装造型体的应用

体是点、线、面的综合，是长度、宽度、深度交汇形成的三维空间。

体是服装设计中的基础要素，从成衣到各个零部件、服装饰品，无一不体现出体的形态。在构思职业装设计时，要考虑每个部件的体形态，如衣身、领口、袖子、裤腿等，使整体服装在穿着时能够贴合人体曲线，展现出立体感，呈现出多彩多姿的"体"造型。

职业装的体造型是通过面料、剪裁和工艺的巧妙运用，使得服装不再是平面的，而是展现出立体感和空间感，与穿着者的身体和气质相得益彰。

在职业装的体造型中，剪裁是关键的因素之一。设计师需要充分了解人体的结构和比例，精确测量身材数据，以确保服装的剪裁尺寸准确合理。合身的剪裁可以使服装贴合身体曲线，凸显穿着者的身形优势，同时能遮盖形体上的不足，展现整体的流畅感和优雅美。

随着时代的发展和审美观念的变迁，职业装的体造型也在不断演进。越来越多的设计开始尝试将传统的职业装与时尚元素相结合，打破传统束缚，展现出更多的时尚感和个性特点。例如，将西服的剪裁和细节与流行元素结合，使职业装在传统中增添时尚的氛围，让穿着者在职场中既能保持专业的形象，又能表现出独特的时尚品位。职业装的体造型不仅是服装设计的一个步骤，更能够使穿着者在职场中表现得更加自信、魅力十足，因此，设计师需要不断地研究和探索，在传统与时尚之间找到平衡点，创造出更多具有时代特色和个性风采的职业装体造型。

（1）半立体构成。半立体构成是一种介于平面构成与立体构成之间的造型技法。在职业装设计中，设计师经常运用半立体构成，通过对平面的衣料裁片进行打褶、添加、镂空、扭曲、压缩等工艺手段与装饰处理，形成有凹凸变化、层次丰富的半立体形态，从而产生新鲜活泼的浮雕效果。这种造型技法能够为职业装增添独特的情趣和时尚感，让服装在简约中显得不乏趣味。

①褶的半立体构成：褶是半立体构成中常见的元素之一，它能够使平面的面料在穿着时呈现出层次感和动态美。在职业装的设计中，褶通常应用在领片、袖片、衣片或裙片上。例如，在职业装的衣领处添加一些小褶，可以使领口显得更加立体丰满，增添女性的柔美韵味；在裙装上加入褶皱，能够使裙子显得更加飘逸轻盈，展现出优雅的气质。

②镂空的半立体构成：镂空是通过在面料上切割或打洞等手法来形成透视效果的构成方式。在职业装设计中，镂空可以应用在袖子、胸前或腰部等位置，通过巧妙的镂空设计，可以透露出肌肤曲线的微妙，给人一种灵动的感觉。

③扭曲和压缩的半立体构成：通过扭曲和压缩面料，可以使平面的裁片形成立体的形态。在职业装的设计中，这种构成方式通常应用在腰部或腰带处，能够强调腰部线条，塑造出优美的腰身曲线。

④添加的半立体构成：在职业装设计中，设计师经常会在衣料上添加一些装饰元素，如蝴蝶结、花朵、蕾丝等，这些装饰元素能够增添服装的立体感，使其更加华丽而有质感。总的来说，半立体构成是职业装设计中非常有创意和实用的造型技法。它能够使服装在简约大方的基础上，增添更多层次和趣味，使穿着者在职场中展现出不同寻常的魅力。设计师在运用半立体构成时，需要灵活运用不同的手法，结合服装的整体风格和穿着场合，精心打造出既符合职业形象要求，又具有时尚感的职业装造型。只有这样，职业装才能真正成为时尚与专业的完美结合，为职场女性带来更美好的穿着体验。

（2）立体构成。在服装造型设计中，立体构成是一种非常重要的表现手法，包括点的立体构成、线的立体构成和面的立体构成。这些立体构成形式能够赋予服装更丰富的立体感和空间感，使服装呈现出多样化、多层次的造型效果。

①点的立体构成：点以立体的形态出现，通常是一些独立存在的立体装饰物。这些装饰物可以是浮花、纽扣、带扣、提包、鞋、帽等。在服装中，这些小小的立体点缀可以为整体造型增添亮点，增强服装的精致感和个性化。

②线的立体构成：线以立体的形态出现，是不同质料的线的集积、组合构成的立体效果。在服装设计中，线条的流畅立体造型可以表现出体积感、空间感、秩序感和运动感。如珠子串成线或线与线的叠合，悬挂于胸前、腰间或作项链，丝带、布条等各种细长的质料，通过扭曲、捻转、编结等手法形成线的立体造型，为服装增添多样化和多层次的表现，如图2-16所示。

图2-16　线的立体构成

③面的立体构成：面的折转、面与面的组合，可构成各种立体造型。通过设定中心为轴，用设定的长度为半径画圆，再将圆形切割后拉起，就会产生波浪形起伏变化的立体形。通过改变轴心位置或切割面积大小，可以调整回转产生的立体效果。这种立体构成可以运用在职业装的裙子、领口等部位，增加职业装的动感和韵律感。

④曲面的立体构成：将各种几何形的平面面料进行切割弯曲，可以产生凹凸起伏的立体造型。例如，长方形的裙料经过弯曲处理后可以构成直角式裙的立体造型。由于材料的强度、厚度、可塑性和悬垂性的不同，以及大小排列和组合的差异，弯曲面的形状也会各不相同，从而使整体造型的节奏与韵律产生变化。

在职业装设计中，立体构成能够赋予服装更加丰富的层次和立体感，使其不再平面单调，而是展现出立体美和艺术感。设计师需要善于运用这些立体构成的技巧，根据服装的风格和穿着场合，打造出独具个性的职业装造型。通过精湛的立体构成，职业装能够在简约中显得不乏趣味，让穿着者在职场中展现出与众不同的魅力和品位。

（3）体的集积。各种立体的形状，经过重叠、组合、排列构成体的集积。服装是以人体为基础的立体造型，面料裁片按结构线缝合成体，再由各部分体的集积组合成适身合体的服装造型，这一过程体现了服装的立体化。

总之，在服装造型设计中，把点、线、面、体巧妙、合理地组合起来（不是分裂开来）并加以转化和综合运用，就能使服装产生丰富生动的变化。例如，上衣的装饰是四方连续不规则的点，但将这些点作二方连续排列在裙下摆，就能给人以线的联想，随着着装者的走动，这条线会产生节奏感，达到上下装的呼应，给人以美感。当然，如何处理好点、线、面、体，是形式美的问题。

（二）色彩设计

职业装的色彩设计是指根据不同的职业特征、场合需求、风格等因素，选择和搭配适合的服装色彩，以达到展现职业形象、传递职业信息、提升职业气质的目的。职业装的色彩设计包含以下几个方面：

1. 职业装的色彩类型

职业装的色彩在服装设计中很重要，它能够直接影响着服装的整体形象和穿着者的气质展现。根据职业装的功能和风格，可以将职业装的色彩分为四种类型，分别是正式色、商务色、休闲色和个性色。

（1）正式色。正式色是指那些能够体现职业权威、严肃、稳重、专业的色彩。这些颜色通常是中性色，如黑色、白色、灰色等。在正式场合，这些色彩可以传递出庄重和专业的氛围，适用于律师、企业高管等职位的职场装。黑色代表着严肃和权威，白色象征着纯洁和高雅，灰色则展现出稳重和内敛。

（2）商务色。商务色是指那些能够体现职业信任、友好、合作、活力的色彩。这些颜色通常是中浅色调，如蓝色、绿色、棕色等。蓝色是商务场合中最常用的颜色之一，代表着信任和稳重，是许多公司商务装的首选色。绿色象征着活力和谐，适用于环保和健康产业。棕色则展现出稳重和亲和力，适用于金融行业等。

（3）休闲色。休闲色是指那些能够体现职业轻松、舒适、自然、时尚的色彩。这些颜色通常是明亮活泼的色调，如红色、黄色、橙色等。红色代表着活力和激情，适用于销售、媒体等富有活力的职业。黄色象征着温暖和活力，橙色则展现出积极和开朗，适用于创意产业等职业。

（4）个性色。个性色是指那些能够体现职业创新、独特、个性化的色彩。这些颜色通常是较为鲜艳和夸张的色调，如紫色、粉色、金色等。紫色代表着神秘和高贵，适用于设计师等富有创造力的职业。粉色象征着甜美和温柔，金色则展现出奢华和豪华，适用于一些高端品牌的职业。

在选择职业装的色彩时，设计师需要根据职业场合和穿着者的个性特点进行搭配和运用。不同色彩的组合可以产生不同的视觉效果，从而影响穿着者的整体形象和气质展现。

2. 职业装的色彩搭配

职业装的色彩搭配是服装设计中重要的一环，它能够直接影响着服装的整体效果和穿着者的形象呈现。根据职业装的主次关系和视觉效果，可以将职业装的色彩搭配分为三种方式，分别是单一搭配、对比搭配和协调搭配。

（1）单一搭配。是指使用同一种颜色或同一种明度或纯度的颜色来搭配。这种搭配方式简洁大方，能够给人以稳重、专业的印象。在职业场合，使用单一色彩的搭配可以传递出庄重和自信，适用于那些要求严谨和正式的职业。例如，全身黑色或全身白色的搭配在正式场合中都非常常见，能够让穿着者显得大方得体。但单一搭配也有可能显得单调乏味，因此，在选择单一色彩搭配时，可以适当增加一些细节和装饰，以增添服装的变化和层次感。

（2）对比搭配。是指使用互补或相近的颜色来搭配。这种搭配方式鲜明突出，能够吸引人的眼球。在职业场合，使用对比色彩的搭配可以表现出个性和活力，适用于那些富有创意和创新精神的职业。例如，将红色与绿色、黄色与紫色进行搭配，会产生强烈的对比效果，吸引他人的关注。但对比搭配也要注意适度，过于张扬的颜色搭配可能显得刺眼和不合时宜。因此，在使用对比搭配时，可以选择较为柔和的相近色彩或适量添加中性色来平衡整体效果。

（3）协调搭配。是指使用相邻或类似的颜色来搭配。这种搭配方式和谐优雅，能够给人以舒适和自然的感觉。在职业场合，使用协调色彩的搭配可以体现出稳重和优雅，适用于那些要求细致和精致的职业。例如，将蓝色与紫色、灰色与白色进行搭配，会产生柔和的效果，展现出穿着者的内敛和知性。但协调搭配也要注意避免过于平淡和无趣，可以适当添加一些亮色或细节装饰来增加服装的亮点。

3. 职业装的色彩选择

在选择适合的职业装颜色时，可以根据职业装的目标受众和个人条件进行有针对性的选择。以下是一些建议和拓展。

（1）确定适合的色彩类型。应了解自己的肤色和气质，确定自己肤色属于冷型还是暖型。冷型人士适合穿冷调颜色的服装，如蓝灰、薄荷绿、淡紫等，这些颜色能够凸显出冷静、淡定的气质。而暖型人士适合穿暖调颜色的服装，如米黄、桃红、浅棕等，这些颜色能够展现出温暖、友善的特质。选择适合自己肤色和气质的色彩类型，能够让职业装更加符合自己的特点。

（2）考虑所处行业和岗位。应考虑自己所处的行业和岗位，选择能够符合职业特点和要求的颜色。不同行业对职业装的色彩有着不同的要求。例如，金融服务业通常需要穿正式或商务类型的颜色，如黑、白、灰等中性色和藏青、驼色、高级灰，这样的色彩能够营造出专业和庄重的氛围。教育培训机构通常需要穿商务或休闲类型的颜色，如蓝、绿、棕等自然亲和的色彩，这样的色彩能够让人感到亲切和友好。广告设计业通常需要穿休闲或个性类型的颜色，如红、黄、橙等明亮活泼的色彩，这样的色彩能够展现出创意和活力。根据自己所从事的行业和职位，选择适合的职业装颜色能够让人在职场中更加得体和专业。

（3）注意服装搭配。应注意自己的服装色彩搭配，选择能够与其他服饰配件相协调的颜色。职业装的搭配应该是整体的，包括西装、衬衫、领带、鞋子、手表等配件，都应该与服装的颜色和图案相匹配。合理的服装色彩搭配能够增加整体形象的协调性和完整感，避免过于单调或杂乱。此外，还可以根据不同场合选择不同的服装颜色，以适应不同的职业场景。

适合个人的职业装颜色能够增强自信和魅力。

（三）面料设计

职业装面料是设计的物质基础，它不仅决定了职业装的外观、风格和质感，还影响了职业装的功能性、舒适性和耐久性。因此，面料的选择与设计是职业装设计的重要环节，只有运用合适的面料来表现设计意图，才能将设计理念和效果表现出来。面料的选择与设计，要考虑职业、岗位、环境等因素，满足其防护性、安全性、舒适性的要求。不同的职业和岗位对职业装的功能性需求不同，因此，要根据不同的工作场景和工作内容，选择合适的面料。

1. 易燃易爆的工作环境

要求职业装要有抗静电性能，同时要有阻燃性。抗静电性能可以通过使用导电纤维或者添加抗静电剂来实现，阻燃性可以通过使用天然或合成的阻燃纤维面料，或者经过阻燃处理的面料。这样可以有效地降低职业装在工作中引发火灾或者爆炸的风险。

2. 低温工作环境

作业在低温环境的职业装，则要求其防水、保温、吸湿。防水性能可以通过使用具有防水膜或者涂层的面料，或者经过防水处理的面料。保温性能可以通过使用具有保温效果的中空纤维或者毛纤维面料实现。吸湿性能可以通过使用具有良好吸湿排汗效果的天然纤维或者化学纤维面料实现。

3. 医疗工作环境

医疗服装则要求抗病毒、细菌生长，防辐射等功能。抗病毒和抑菌功能可以通过使用具有抗菌性的纤维面料或者经过抗菌处理的面料。防辐射功能可以通过使用具有屏蔽效果的金属纤维面料或者经过金属镀层处理的面料。这样可以有效地保护医务人员在工作中受病毒和细菌的感染和辐射的伤害。

4. 化学污染环境

化学污染环境的职业装则要求耐酸腐蚀、防油、防水、透气、保暖等功能。耐酸腐蚀功能可以通过使用具有耐酸碱性能的纤维面料或者经过耐酸碱处理的面料。防油功能可以通过使用具有亲油性能的纤维面料或者经过防油处理的面料。防水功能同上文，透气功能可以通过使用具有良好透气性能的纤维面料或者经过透气处理的面料，保暖功能同上文。

5. 运动比赛环境

运动比赛的某些项目服装则要求质地轻、弹性好、耐磨等性能。质地轻可以通过使用具有低密度的纤维面料或者经过轻量化处理的面料，弹性可以通过使用具有高弹性的纤维面料或者经过弹力处理的面料，耐磨性可以通过使用具有高强度和高韧性的纤维面料或者经过耐磨处理的面料。这样可以有效地提高运动员在比赛中的速度、灵活性和耐力。

第三节　校企合作专项分析

一、研究背景

与企业合作过程中，收到企业委托为摩托车队设计职业骑行服，国内关于职业摩托车骑行防护服的研究较少，所以前期调研资料主要集中在职业摩托车骑行服的结构设计和面料性能方面，结构设计包括摩托车服防风立领结构设计分析、专业摩托车运动防护服装研究；面料性能主要包括 EN13595 耐磨试验方案的验证、摩托车运动中服装厚度与冷却的关系等。职业摩托车骑行服受众群体广泛，相关研究更有市场价值。专业摩托车骑行服侧重于款式结构的功能性转换，通过局部位置的变化形成一衣多穿，起到防风保暖的作用，同时要具备穿着的舒适性与安全性，通过材料的分层选择以及气囊的夹层设计提高摩托车骑行服的安全防护功能。

职业摩托车骑行服是为摩托车普通骑行者提供安全防护的服装，当骑行过程中发生事故时，服装不能轻易被撕裂，避免骑行者皮肤表面受到创伤。随着服装功能设计高速发展，人们对摩托车骑行防护服功能设计的要求越来越高。

二、理论基础

（一）设计开发的基本思路

职业摩托车骑行服的设计遵循功能服装以人为本的设计理念，基于用户需求分析建立设计要素，再生成功能设计方案。职业摩托车骑行服设计流程，如图2-17所示。

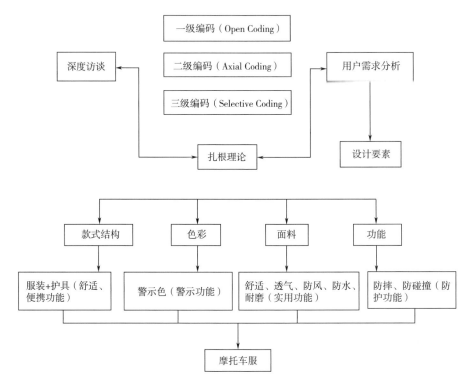

图 2-17　职业摩托车骑行服设计流程

（二）需求分析

需求分析基于在辽宁省丹东市的实地调研结果，调研对象是丹东市 65 名职业摩托车手，年龄从 20 岁到 59 岁不等，骑行年限均在 1 年以上，调研主要采用问卷调研法和深度访谈法，其中发放调研问卷为 65 份，收回有效问卷为 62 份，有效问卷回收率为 95%。通过目的抽样法，在 65 名受访者中抽取骑行年限在 8 年以上的 23 名资深骑行者为深度访谈对象。调研内容围绕职业摩托车服的功能需求展开。分析调研结果可知，职业摩托车服各功能的重要程度由高到低为：防摔防撞性（30%）、防风性（28%）、保暖性（14%）、警示性（12%）、舒适性（6%）、便捷性（5%）、耐磨性（3%）、时尚性（2%）。调研对象中约占 80% 的职业摩托车手表示对自己安全防护非常重视，88% 的骑行者表示在骑摩托车过程中穿着日常服装搭配防风保暖护具，护具的安全防护作用会受到天气影响，如雨雪、大风、冰雹等恶劣天气，其作用就会显得尤为重要，这些调研结果在一定程度上为职业摩托车服的功能创新设计指出发展方向和目标。

本项目采用扎根理论的方法，从实际观察入手，在自然环境下通过深度访谈、观察和文献分析等方式广泛收集职业摩托车服相关的原始资料进行科学的归纳总结。通过比较分析和理论抽样的研究思路总结出各级编码，并建立起基于扎根理论的职业摩托车服功能优化设计模型，见表 2-1。

表 2-1　摩托车骑行防护服功能优化设计理论模型

一级编码 （用户需求）	二级编码 （需求在服装中的体现）	三级编码 （提炼）
款式	款式时尚、流行、舒适、防风、保暖	款式结构优化设计：线条流畅、色彩拼接、双层领口、连体护腰、袖口收紧、裤口收紧、多功能挡风板、垫档设计、防风挡板等优化设计
色彩	黄色、红色、橙色、绿色、荧光色、夜间反光	色彩优化设计：饱和度和明度较高的色彩、警示色、反光条
面料	面料防水、防风、耐磨、结实、透气、防撕裂、保暖透湿	面料搭配优化设计：复合面料、面料分层搭配，内层、夹层、外层采用不同的面料组合
防护功能	防碰撞、防摔、保护关节、保护皮肤损伤	防护功能优化设计：安全气囊以及碰撞传感器

调研过程中分别将扎根理论中的一级编码对应调研用户四方面的需求点，分别为款式、色彩、面料、防护功能。一级编码是调研初期开放自由的阶段，通过分析调研结果的原始资料，总结调研对象的需求点形成若干信息元，通过信息元将调研的所有信息呈现出来；二级编码（关联式编码）要和一级编码的四方面需求点的信息元建立关系，需求在服装中的体现，如款式时尚、流行、舒适、防风、保暖等；三级编码（核心式编码或选择式编码）是对二级编码中需求点在服装中具体表现的提炼，编码过程是摩托车骑行防护服功能优化设计的提炼过程。

基于对用户需求的调研，提炼出四个职业摩托车服的设计要素，四个设计要素分别对应三级编码中的款式结构优化设计、色彩优化设计、面料搭配优化设计和防护功能优化设计。

三、设计方法

（一）款式结构设计

职业摩托车骑行服一般情况采用护具与服装分离设计，分别为防风板、护袖、披风等，本项目将其与服装设计中的长短转换法和组合法相结合。长短转换是指服装部件原有的长度可以通过翻折、堆积、折叠等方法变短，使多余的量自然堆积在身体的某一位置，形成多变造型。职业摩托车骑行服的上衣变形设计，如图 2-18 所示，可以看出，上衣的衣身为双层折叠，其上的点 A、点 B 通过魔术贴固定于前胸，如图 2-18（a）所示，当天气寒冷时，可将双层折叠的点 A、点 B 打开下拉，变成过膝的挡风板，同时腰部松紧带 C、D 转化为下摆挡风松紧带，如图 2-18（b）所示，提高骑者的舒适度，并增加防风保暖的性能。

职业摩托车骑行服裤装的变形设计如图 2-19 所示。裤装腰头采用内含橡筋的中高腰设计，同时采用连体弹力护腰裤设计，穿着舒适便捷，且可以降低外界环境对人体损伤，裤腰可隐藏，肩带可拆卸。

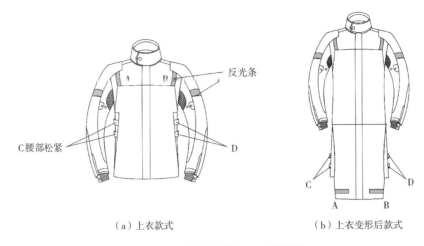

（a）上衣款式　　　　　　　　　（b）上衣变形后款式

图 2-18　摩托车服的上衣变形设计

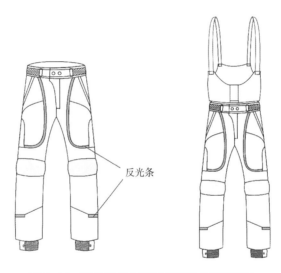

图 2-19　职业摩托车骑行服裤装的变形设计

　　职业摩托车骑行服领部及袖子细节设计如图 2-20 所示。摩托车服裤口及垫裆细节设计如图 2-21 所示。由于领部作为服装的必备开口，脖子会被暴露，所以合理的设计摩托车服的领型，使其能够起到防风作用是十分必要的。衣领设计为双层弧形立领，结构上更加贴合颈部，且能起到防止领口灌风的作用；颈部向前伸展时，皮肤与服装的摩擦力增大，因此，对拉链两端进行包头设计，提高颈部舒适度，如图 2-20（a）所示。袖口和裤口处收紧，并装有魔术贴调节松紧，既可以防风又可以防止袖口和裤脚出现向上划移等问题，骑行中身体呈现前驱姿态，袖窿设计应向前移动，从而减少前胸围尺寸，为了解决手臂的伸展灵活度，摩托车服腋下位置采用弹性面料的插片设计，同时在袖窿上弧设有通风口以便排湿通风，最大限度地提升人体舒适度，根据摩托车骑行者的骑行动作，裤子后裆部位适当加长，并且增加垫裆设计，垫裆部位要对臀部进行整体包裹，提高臀部的舒适度，减少摩擦伤害，如图 2-21（b）所示。

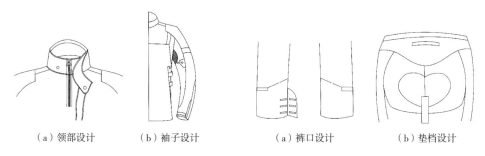

| （a）领部设计 | （b）袖子设计 | （a）裤口设计 | （b）垫档设计 |

图 2-20 职业摩托车服领部及袖子细节设计　　图 2-21 职业摩托车服裤口及垫裆细节设计

（二）面料搭配

根据不同用途对于职业摩托车骑行服的面料搭配进行合理划分，面料可分为内、中、外三层。内层面料选择棉织物和吸湿快干面料，纯棉针织面料柔软、透气、亲肤、舒适，成分为丙纶和涤纶吸湿快干面料，具备较好的导汗快干的功能。中间夹层面料在摩托车服中起到承上启下的作用，既要具有良好的保暖性又要轻便，减少摩托车服的重量，中间层将服装内部的传感器和气囊隐藏在夹层中，应在保证透气、透湿的状态下，进一步加强保暖性能。外层面料对耐磨性、防风性能的要求更高，而且要具备良好的防水、透汗和吸湿等性能。涂层面料和复合面料经过不断创新发展，已成为摩托车服外层面料的主要选择。摩托车骑行防护服外层面料与安全反光面料拼接组合，可以通过反射光线来增强摩托车骑行者夜间出行时的可见度，起到安全警示的作用。

（三）安全防护

气囊分布图如图 2-22 所示。根据调研结果显示，职业摩托车骑行服最重要的功能是安全防护功能，在摩托车服的衣身和裤子上安装多个反光条来提高夜间行车安全。为防止意外发生，在摩托车服的重要部位，如颈部、肩部、胸部、背部、臀部等增加气囊模块，并同时设置碰撞传感器，当接触点受到碰撞后控制单元将会自动对气囊快速充气，从而对身体的重要部位进行保护，提高安全保障。

安全防护气囊设计使用的碰撞传感器采用惯性式机械控制开关，控制开关量与碰撞速度有关。设定传感器减速判断阈值后，碰撞的激烈程度由碰撞传感器检测。为了防止传感器发生短路而引爆气囊的情况，设置碰撞防护传感器。摩托车服上安装有6个碰撞传感器，分别安装在颈部、肩部、胸部、

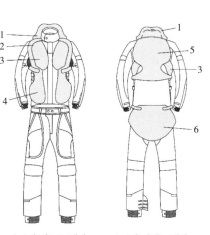

| （a）气囊正面分布 | （b）气囊背面分布 |

图 2-22 气囊分布图

1—颈部气囊　2—肩部气囊　3—胸部气囊

4—腹部气囊　5—背部气囊　6—臀部气囊

腹部、背部、臀部。随着汽车安全气囊技术的快速普及于广泛应用，该项技术也逐步进入"平民化"，使该技术在日常摩托车服骑行防护服中的应用具有较高的可行性。

四、结论

本项目分析了职业摩托车骑行服的发展现状，并总结了职业摩托车服的款式、结构、安全等设计要素。在深入了解用户需求的基础上，提出一种护具与服装相结合的设计方案，以及在领口、袖口、裤口等局部进行优化设计的建议。在面料的选择上，提出了内、中、外三层不同的面料组合，以实现吸湿排汗、隐藏气囊和防风保暖等功能。在功能设计方面，引入了安全气囊模块，并采用碰撞传感器等设备来提高职业摩托车服的安全防护功能。本设计方案旨在设计出舒适、轻便、集多种防护功能于一体的职业摩托服，并为我国职业摩托车服的设计提供参考依据。

在职业摩托车服的设计中，款式、结构、色彩、安全等要素都是考虑因素。因此，在设计过程中，需要针对用户需求进行分析，确保所设计的服装能够满足骑行者在不同环境下的需求。

在款式结构设计方面，我们提出了护具与服装相结合的设计方案。这种设计可以为骑行者提供更全面的防护，同时又不影响其舒适性和灵活性。此外，我们还针对领口、袖口、裤口等局部进行了优化设计，以提高服装的贴合度和舒适性。

在面料选择方面，我们将职业摩托车服分为内、中、外三层，并采用不同的面料组合。以应对不同气候条件。这种多层面料组合的设计可以使服装在各种骑行环境中都能发挥最佳的效果。

在功能设计方面，我们引入了安全气囊模块。通过碰撞传感器等设备，可以实时监测骑行者的状态，并在发生碰撞时迅速充气，提供有效的保护。这种设计可以大大提高职业摩托车服的安全性，减少意外伤害的发生。

思考与练习

1. 职业装设计的特点是什么？
2. 简述职业装的开发流程。
3. 为校企合作企业设计一系列职业装。
4. 校服设计包含哪些内容？

第三章　舞台服装设计

在中外舞台演出史上，可能出现过没有布景的演出现象，但从未有过没有舞台服装的正式演出。舞台服装在演出中扮演着极其重要的角色，既要给观众留下深刻的印象，又要帮助演员塑造角色，增强戏剧表现力。

舞台服装被认为是角色的一部分，舞台服装的设计以符合艺术形象造型规则为前提，同时运用假定性、直观性和舞台化的形象语言作为手段。通过这些手段，舞台服装能够在演员的形体上得以体现，将戏剧元素完美地融入角色形象之中，最终创造出生动可视并渗透着戏剧性的服装形象。在当代舞台上，有各种戏剧种类及不同体裁，如歌剧、话剧、舞剧、音乐剧、哑剧、戏曲等，上述多样性导致了戏剧演出形式的多样性。不同的演出体裁和形式，以及导演和服装设计的风格，使舞台服装呈现出千姿百态，精彩纷呈。

舞台服装在种类上可以分为话剧、歌剧、舞剧、戏曲四大类。各个种类在表现形式上有一定的差异，因为它们涉及的艺术风格、表演手法以及文化背景不尽相同。话剧注重演员的表演和对话，舞台服装通常偏向现实主义的风格。歌剧强调唱腔与情感表达，服装设计则会更加奢华，突出角色的身份和气质。舞剧则注重舞者的舞蹈表现和动态美感，服装设计需要强调舞者的舞姿和舞蹈动作。戏曲在形式上更加传统，舞台服装通常具有浓郁的古典文化元素，强调角色的戏曲造型与形象。

总之，舞台服装在戏剧演出中具有不可替代的重要性，它不仅是演员塑造角色的重要手段，更是戏剧表现力的关键之一。不同种类的戏剧演出需要不同风格和特点的舞台服装来匹配，以达到最佳的艺术效果。因此，舞台服装设计师的创意和专业能力在戏剧演出中发挥着重要作用，为观众带来令人印象深刻的视觉享受与艺术感悟。

第一节　舞台服装概论

一、舞台服装的概述

舞台服装是为了适应舞台表演需要而设计的服装，它在舞台表演中不仅是展现角色形象的媒介，更是表现人物性格、情感和风格的重要手段。舞台服装的设计与制作中涉及以下几方面的因素。

（一）紧密契合剧本的内容和主题

舞台服装要紧密契合剧本的内容和主题，通过服装的设计反映出时代背景、地域特色、社会阶层等方面的信息。设计师必须深入理解剧本的内涵和导演的意图，将抽象的概念转化为具体的服装设计。同时，舞台服装也要与舞台灯光、音乐、道具等元素形成有机的整体，共同创造出独特的艺术效果。

（二）突出人物的个性和特点

通过服装的色彩、形状、质地、装饰等方面的巧妙运用，使观众能够一眼区分出不同角色，并深入感知人物的性格、心理、情绪和身份等方面的差异。舞台服装具有很强的表现力，能够在无须言语的情况下，通过视觉传达角色的个性与内心世界，使观众产生共鸣。

（三）考虑舞台视觉效果

设计师必须根据舞台的大小、高度、观众与演员的距离等因素，精心选择服装的尺寸、比例、明暗度等，确保服装在舞台上清晰可见，不会出现失真、失色、失形等问题。此外，服装与舞台背景的搭配与对比也很重要，避免产生视觉混乱或冲突，确保整体表现效果的统一和谐。

（四）适应演员的表演动作

服装设计师需要充分理解剧本中人物的动作特点和难度，为演员选择合适的服装材料、结构、款式等。方便演员穿着、脱下、换装，并且保持自由的活动，不影响呼吸和发声。

（五）具有一定的美学价值

舞台服装应当使服装与人物形象相得益彰，与舞台氛围相融合。舞台服装的美学价值与角色的情感和氛围紧密相连，能够引起观众的欣赏和赞赏，增强舞台表演的观赏性与艺术性。

二、舞台服装的特征

（一）融合性与创造性

舞台服装设计既要与现实生活紧密结合，汲取灵感和素材，又要进行艺术的提炼和创造，使服装能够符合历史真实性和情节要求，又具有艺术美感和观赏性。在设计舞台服装时，需要深入研究剧本和舞台表演的主题，理解角色的个性和情感，还需要了解舞台表演的时代背景和环境，以及不同社会阶层的特征，将这些元素巧妙融入服装设计中，使其在表达人物形象的同时也反映出时代氛围和社会风貌。

（二）假定性与观众情感

舞台服装是通过视觉方式传递给观众的，其设计必须注重假定性，即考虑观众的心理预期和审美习惯。设计需要考虑观众对不同形象角色的认知，通过服装设计来引导观众对角色的感知和理解。舞台服装设计要在真实与虚构之间寻找平衡，既要符合历史和文化的传统，又要符合舞台表演的目的和效果，让观众更好地融入剧情和角色情感中，增强舞台表演的感染力和观赏性。

（三）整体性与协调性

舞台服装是舞台艺术的组成部分，必须与舞台空间、灯光音效、演员表演等其他艺术形式相协调，形成一个完整的舞台艺术整体。在舞台表演中，服装是演员与观众之间的重要媒介，能够帮助观众更好地理解角色形象和情节，同时也影响着演员的表演状态和情感体验。舞台服装要与舞台艺术整体风格和氛围相协调，服装的颜色、质地、形状等要与舞台空间和灯光音效相呼应，共同营造出舞台的视觉效果和氛围（图3-1）。

图 3-1　话剧《长安第二碗》舞台照

（四）创意与表现力

舞台服装设计不仅要考虑角色形象的真实性和时代特征，还要体现其设计的创意和表现力。通过色彩的运用、装饰的设计、质地的选择等方面展现对服装的创意设计，使服装与人物形象更具个性，为舞台表演增色添彩。

（五）安全性与实用性

舞台服装设计除了要注重艺术效果和美感外，还必须考虑舒适与安全。演员在舞台上要进行复杂的动作表演，因此，服装需要选择合适的面料和制作工艺，确保服装的舒适性和耐用性。同时，服装设计还要考虑服装的便捷性，使演员能够方便地穿着、脱下、换装，并且不受束缚，保持自由的活动，才能更好地发挥出角色的魅力。

三、舞台服装的分类

根据不同的表演形式和风格，舞台服装可以分为以下几类：

（一）话剧服装

话剧服装的创意与实用话剧服装是话剧艺术的重要组成部分，话剧服装不仅要表现出角色的身份、性格、心理等特征，还要与剧本的主题、风格、情节等相协调，同时也要考虑到舞台的空间、灯光、音效等因素，以及观众的视觉感受和心理预期。因此，话剧服装设计既要有创意，也要实用（图3-2）。

图3-2 话剧《雷雨》舞台照

话剧服装设计的创意体现在对角色和剧本的深入理解和独特诠释。话剧服装设计要根据角色和剧本的背景、内容、氛围等进行细致的分析和研究，从中发现和把握角色和剧本的核心特点和内在联系，运用想象力和创造力，通过色彩、形式、材质、细节等方面表达出角色和剧本的精神内涵和艺术风格。话剧服装设计有时也会运用一些象征或夸张的手法来突出某些主题或效果，比如用红色表达热情或暴力，用黑色表达悲哀或压抑，用白色表达纯洁或空虚等。话剧服装设计还可以对角色和剧本进行一些创新和变化，比如用现代或未来的元素呈现古典或历史的故事，用民族或地域的特色展现普遍或国际的情感等。

话剧服装设计的实用体现在对舞台和观众的充分考虑和适应上。话剧服装设计要根据舞台的大小、形状、布局等进行合理的安排和搭配，使话剧服装能够与舞台空间、灯光音效等其他艺术形式相协调，形成一个完整的舞台艺术整体。话剧服装设计还要根据观众的视角、距离、期待等进行适当的调整和优化，使话剧服装能够给观众带来清晰、美观、有趣的视觉感受和心理体验。话剧服装设计有时也会运用一些技巧来增强话剧服装的实用性，用可变或多功能的服装来适应不同场景或角色的变化，还要注意话剧服装的舒适度和安全性，使演员能够自由地表达自己的情感和动作。

（二）歌剧服装

歌剧服装作为歌剧的重要组成部分，承载着丰富的历史和文化内涵。它不仅要符合歌剧的时代背景和人物性格，还必须能够展现出歌剧的音乐魅力、剧情张力和视觉冲击。历经漫长的发展历史，歌剧服装在不同国家和时期呈现出丰富多样的风格和特点。

在意大利文艺复兴时期，歌剧服装受到古希腊和古罗马风格的影响。主要采用明亮或对比鲜明的色彩，如白色、金色和紫色，以突出人物的情感和个性。丰富的织锦、刺绣和珠宝等装饰被广泛应用，赋予服装华丽和贵族感。这一时期的歌剧服装以模仿古代神话和历史为主，营造出一种神秘而庄重的氛围（图3-3）。

图 3-3　意大利罗马歌剧院歌剧《茶花女》

法国的宫廷歌剧在 17 世纪末至 18 世纪初兴盛起来，路易十四对歌剧服装有着极高的要求。他喜欢穿着华丽的服装展示自己的权力和魅力。歌剧服装通常采用金银线绣制的绸缎或天鹅绒，并镶满了珍珠、钻石和宝石，配以羽毛、花朵和蝴蝶等图案。高跟鞋、假发、面具等配饰也常常被使用，以增加身高和神秘感。这些华丽的服装彰显了法国宫廷的荣耀和繁华。

德国浪漫主义歌剧的代表人物理查德·瓦格纳强调整体性和神话性的表达。他的歌剧服装常采用深色或暗色的布料，上面绣制着简单而寓意深远的图案，如十字架、火焰、龙等，体现着超越现实的精神世界；抽象或变形的元素，如面具、头盔、盾牌等，被巧妙地运用，表现出一种神秘的气氛。

在现代，随着时代的进步和艺术的发展，歌剧服装设计也在不断创新与拓展，以自由、前卫的视角重新诠释经典角色，融入当代元素，形成多样化的风格和个性，科学技术的发展也为歌剧服装设计带来了更多可能性，数字打印、LED 灯光等技术的应用，让服装表现更加生动多样，使歌剧演出更加富有视觉冲击力和艺术感染力。

歌剧服装作为歌剧艺术的重要组成部分，既要展现出独具创意的艺术美感，又要符合表演的实用需求。它在不同国家和历史时期呈现出多样化的风格，承载着丰富的文化内涵和艺术价值。历经漫长的发展历程，歌剧服装设计在不同文化的交流和碰撞中获得新的灵感和创新。在历史长河中绽放出灿烂的光芒。在现代，歌剧服装设计继续秉承传统，融合世界各地的艺术元素和时尚趋势，不断创新与拓展，为歌剧艺术注入新的活力与魅力。

（三）舞剧（蹈）服装

舞剧（蹈）服装作为舞剧（蹈）的重要组成部分，承载着丰富的历史和文化内涵。它不仅是舞者的衣着，更是舞剧（蹈）的视觉符号，能够传达舞剧（蹈）的主题、情感、氛围和风格，同时也能增强舞者的表现力和美感。舞剧（蹈）服装的设计不仅是一门艺术，更是对舞剧（蹈）艺术的再创造和再诠释。

舞剧（蹈）服装在视觉上能够突出舞者的身体线条和动作，使其更加流畅、灵动和富有韵律。舞剧（蹈）服装通常采用轻薄或弹性的面料，如丝绸、纱、棉、涤纶等面料，这些面料能够随舞者动作的变化而变化，产生不同的视觉效果。舞剧（蹈）服装的设计应考虑舞者的身形和体态，通过巧妙的剪裁和缝制，使舞者在穿着服装时更加舒适自如，发挥出最佳的舞蹈表现力。舞剧（蹈）服装在文化表达上有着独特的功能。它可以表现舞剧（蹈）的时代背景、地域特色、文化内涵和社会意义。舞剧（蹈）服装可以借鉴或模仿某些历史时期或地区的服饰风格，如古典、民族、现代等，创造一些新颖或未来的服饰风格，如科幻、梦幻等。通过服装的设计，观众能够更直观地感受到舞剧（蹈）所表达的文化背景和情感内涵。舞剧（蹈）服装还可以运用一些符号或象征的手法，来表达某些抽象或深刻的主题或思想，如爱情、自由、战争等。设计可以通过服装的颜色、图案、纹饰等元素，将抽象的主题和情感转化为具体的视觉形象，使舞剧（蹈）的表现更加深入人心，观众能够更好地理解和感受舞剧（蹈）所传递的情感和意义。

舞剧（蹈）服装的设计过程是一个融合创意和技术的过程。设计需要深入了解舞剧（蹈）的剧本和导演的意图，通过与编导、舞者、灯光设计等各个环节的沟通和协作，共同构建一个视觉上和艺术上完美统一的舞剧（蹈）作品。设计需要不断追求创新，从历史和传统中吸取灵感，敢于尝试新材料、新工艺和新技术，让舞剧（蹈）服装呈现出更多元、更丰富、更具个性的面貌。随着时代的变迁，舞剧（蹈）服装的发展也在不断迈向新的高度。当代舞剧（蹈）服装设计不仅要注重美观和艺术性，更要重视功能性和可持续性。追求绿色环保的理念，将传统工艺与现代科技相结合，使舞剧（蹈）服装在表现力和实用性上得到更好的平衡（图 3-4）。

图 3-4   第十一届中国舞蹈"荷花奖"舞蹈《丽人行》

（四）戏曲服装

戏曲服装是中国传统文化的重要表现形式，它不仅反映历史时代的风貌和社会风俗，也体现了戏曲艺术的独特特色和魅力。戏曲服装的设计和制作要遵循历史的真实性和规范性，也要突出戏曲的艺术性和象征性，更好地为戏曲表演服务。

在戏曲表演中，戏曲服装可以分为多种类型，根据不同戏曲剧种和角色类型进行区分。其中，包括朝服、官衣、便服、特殊服。朝服用于扮演帝王、文官、武将等角色的袍服，通常以黑、红、黄、绿等色彩为主，上面绣有金银丝线制成的龙、凤、云、水等图案符号，表现权势和尊贵，显示品级和身份（图 3-5），便服是扮演平民百姓、名士雅客等角色日常穿着的服装，通常有白、灰、蓝、粉等淡雅的颜色，上面绣有简单而美观的花纹或图案，突显清秀和风雅。特殊服是用于扮演特殊角色或情节的服装，通常颜色鲜艳或暗淡，上面绣有特殊的图案或符号，表现出特殊的意义或效果。戏曲服装的审美内涵与角色特点相互交织。戏曲服装不仅要遵循历史真实性和角色特征，还要突出戏曲艺术的审美特色。它具有规定性、艺术性和律动性。规定性指戏曲服装要与戏曲流派和表演规范相符合，与角色的身份和特征相对应。艺术性强调戏曲服装要具有写意化和象征化，追求戏曲表演的美感和效果，不拘泥于历史生活的真实性。律动性指戏曲服装要与演员的表演手段相协调，形成一种流动感和节奏感。

戏曲服装的设计和制作过程需要用心与智慧，要深入了解戏曲的历史背景和文化内涵，与编导、舞台美术设计师等进行密切合作，共同塑造一个视觉上和艺术上完美统一的戏曲作品。设计要注重细节，选择合适的面料，精心剪裁和制作，以确保演员在舞台上舒适自如，发挥最佳的表演效果。随着时代的发展，戏曲服装也在不断创新与演变。当代戏曲服装设计不仅要注重历史真实性，更要强调突出戏曲的艺术性和现代感，积极融入新材

图 3-5　北京京剧院武戏《挡马》

料和新工艺，展现戏曲艺术的时尚魅力，让戏曲服装焕发出新的活力与魅力。

四、舞台服装的发展历程与现状分析

（一）国外舞台服装的发展历程

舞台服装是指舞台专用的服装，它是塑造角色外部形象，体现演出风格的重要手段之一。舞台服装源于生活服装，它和化妆是演出活动中最早出现的造型因素。舞台服装的发展历程可以从以下几个方面简要概述。

国外舞台服装的发展源远流长，从古希腊时期开始，舞台服装就成为戏剧表演中的重要组成部分。不同历史时期和地域背景下，国外舞台服装呈现出丰富多样的风格和特点。

古希腊时期，舞台服装主要是由日常生活中的长袍、披肩、腰带等简单服饰组成。颜色以白色为主，有时会加上红色或紫色的装饰，用来突出演员的情感和个性。此外，演员还会佩戴面具和穿高跟鞋来区分角色和性别，以便观众更好地辨认角色。

古罗马时期，舞台服装沿用了古希腊的风格，但更加华丽和多样。演员会根据角色的身份、性格、情绪等穿着不同颜色和样式的服装。例如，紫色代表贵族，黄色代表奴隶，黑色代表悲剧，白色代表喜剧等。舞台服装在这一时期开始发挥角色身份和心理特征的象征作用。

中世纪时期，舞台服装受到教会的影响，多以宗教服饰为基础，如僧袍、祭衣、圣衣等。演员会使用一些道具和符号来表现角色的特征，如王冠、权杖、十字架、光环等。舞台服装在这一时期逐渐从艺术性向宗教性转变，强调角色在戏剧中的象征意义。

文艺复兴时期，舞台服装开始注重历史的真实性和艺术的美感，反映了当时欧洲社会的风貌和文化。演员会穿着各国各朝的民族服饰或贵族服饰，如意大利的磨盘领、灯笼裤、开口袋等；法国的紧身胸衣、衬箍裙、褶裙等；英国的衬衫、马甲、长袍等。舞台服装在这一时期逐渐成为展示历史风貌和文化特色的重要表现手段。

17~18世纪，舞台服装达到了一个高峰，以法国宫廷为中心，形成了一种华丽又精致的风格，体现了当时贵族阶层的奢侈和浮华。演员会穿着丝绸、绒布、蕾丝等贵重材料制成的服装，配以金银线、珠宝、羽毛等饰物，颜色以亮丽的红、黄、蓝等为主。舞台服装在这一时期成为戏剧演出中的视觉焦点，吸引着观众的目光。

19~20世纪，舞台服装出现了多种流派和风格，如浪漫主义、现实主义、象征主义、表现主义等。演员会根据剧本的内容和主题选择不同的服装形式来表达角色的内在情感和思想。例如，在歌剧《图兰朵》中，普契尼运用了中国古代服装进行再创造，准确塑造了剧中人物的性格（图3-6）；在话剧《等待戈多》中，贝克特运用了简单而富有象征意义的服装来表达人生的荒诞和无意义。舞台服装在这一时期逐渐与剧情、角色性格紧密结合，为戏剧表演增色添彩（图3-7）。

图3-6　歌剧《图兰朵》

国外舞台服装设计的创新与实践随着时代的变迁不断融合不同的文化元素和艺术风格，展现出多样化的表现形式。

1. 在表现角色性格和情感方面进行深入探索

设计通过服装的颜色、剪裁、面料质地等方面的巧妙运用，将角色的内在情感和思想展现得淋漓尽致。例如，在歌剧《卡门》中的红色长裙象征着卡门的热情和奔放，与她的个性相得益彰；而唐·乔万尼的黑色外衣和帽子则彰显出他的神秘和复杂性格。

图 3-7　话剧《等待戈多》

2. 在历史再现方面取得了显著成就

随着历史研究的深入和材料技术的进步，舞台服装设计能够还原历史时期的服装风貌，并结合现代审美进行再创造。例如，在电影《玛丽·安托瓦内特》中，设计师凭借对18世纪法国宫廷时尚的深入了解，将玛丽·安托瓦内特的华丽服饰展现得栩栩如生，令人叹为观止。国外舞台服装设计在技术和材料方面也不断突破创新。现代科技的应用为舞台服装设计带来了全新的可能性。例如，LED灯带的运用使得舞台服装能够呈现出动态的光影效果，为表演增色不少。同时，新型材料的应用，如环保纤维面料和3D打印技术，也为设计提供了更多的创作材料和可能性。

3. 在多元文化交流方面进行了积极探索

全球化的趋势促使设计将不同文化的元素融入舞台服装中，形成独特的跨文化融合风格。例如，在歌剧《茶花女》中将中国传统服饰元素巧妙地融入舞台服装设计中，展现出东西方文化的交汇与融合（图3-8）。

国外舞台服装设计的发展经历了漫长的历史沉淀，逐步从简单的角色区分演变为富有艺术表现力的创意设计。不断地创新与实践使舞台服装设计在戏剧表演中发挥着越来越重要的作用，为观众呈现出一场场视觉盛宴和艺术饕餮。无论是历史再现还是现代创意，国外舞台服装设计都将继续走在时代的前沿，为戏剧艺术注入新的活力和魅力。

（二）国内舞台服装的发展

国内舞台服装的发展源远流长，古代戏曲时期，舞台服装主要演变自民间常见的服饰，如袍、裙、衫、帽等。服装的颜色和样式有一定的规范和象征意义，如红色代表忠义，白色代表奸诈，黄色代表皇帝，黑色代表刚正，绿色代表武将等。不同的剧种和地区也会使舞台服装存在一定的差异，如京剧的开氅、昆曲的官衣、越剧的蟒等。近现代戏剧

图 3-8　2018 大都会歌剧院歌剧《茶花女》

时期，随着西方戏剧的影响，国内舞台服装开始注重历史的真实性和艺术的创新性，反映中国社会的变革和文化的多元化。演员会穿着各个时期和地区的服饰，如清朝的旗袍、马褂、花翎等；"民国"时期的中山装、旗袍、西装等；中华人民共和国的军装、工作服、校服等。舞台服装会根据不同的题材和风格有所变化，如话剧《茶馆》中的现实主义风格，如图 3-9 所示；《雷雨》中的象征主义风格，如图 3-10 所示；《阳台上》中的超现实主义风格等。

图 3-9　话剧《茶馆》

图 3-10　话剧《雷雨》

　　舞台服装的发展历程是一部戏剧史和文化史的缩影。它不仅反映了不同时代和地区的社会生活和人文精神，也展示了不同流派和风格的艺术特色和审美趣味。作为一种综合艺术形式，舞台服装既要遵循历史的真实性和艺术的规律性，又要追求创新的可能性和个性的表达性。在当今社会，舞台服装依然是一种重要的文化载体和艺术手段。它通过色彩、剪裁、材料等方面的运用，将角色的性格、身份和情感表现得淋漓尽致。同时，舞台服装也在不断地与现代科技融合，运用 LED 灯带、环保纤维面料、3D 打印等技术，为戏剧表演增色添彩（图 3-11）。

图 3-11　话剧《玻璃动物园》

　　舞台服装不仅丰富了观众的精神生活，也推动了戏剧艺术的发展和进步。舞台服装设计中融入了对历史的回望与思考，对当代社会的观察与思索，使得戏剧演出更加贴近现实，更具有当代艺术的表现力和感染力。未来，国内舞台服装设计将继续不断创新与实践，继承传统、吸收外来文化，拥抱现代科技，不断探索舞台服装在表演艺术中的新境界。舞台服装的进步和发展必将推动中国戏剧事业在国际舞台上展现更加璀璨的光芒。

（三）舞台服装的现状分析

舞台服装作为舞台艺术的重要组成部分，它不仅需要顺应剧情和角色的需要，还要体现出艺术的美感和创造性。对舞台服装的现状进行分析，可以从以下几个方面展开：

1. 应用探究

舞台服装设计是一项富有创造性的活动，它必须根据不同的舞台艺术形式，选择合适的面料、色彩、造型等，以表现舞台角色的性格、情感和身份。同时，舞台服装设计还要考虑与舞台布景、灯光、音乐等因素的协调，以形成统一的艺术风格和视觉效果，以确保舞台服装与整个演出相得益彰。

2. 发展现状及趋势

舞台服装设计的发展受到社会、文化、科技等方面因素的影响。随着时代的变迁和观众需求的变化，舞台服装设计呈现出多样化、时尚化、创新化的特点。

（1）舞台服装设计要保持传统文化和经典元素，以继承民族特色和历史风貌。

（2）舞台服装设计要引入现代元素和高科技手段，以展现时代气息和艺术个性，满足观众对舞台艺术的多样化需求。

3. 创新路径探究

舞台服装设计需要丰富的想象力和创造力，能够根据不同的表演主题和风格，提出新颖的设计理念和方案。探究舞台服装设计的创新路径，可以从多个方面展开。

（1）结合舞台角色形象与情感等因素，创新现代舞台服装设计思路。通过深入挖掘角色的内在特质，在服装中体现出人物的个性与情感，使其更加立体和丰满。

（2）引入传统文化与经典符号等元素，创新现代舞台服装设计样式。传统文化中蕴含着丰富的符号和象征意义，可以将其巧妙地融入服装中，以增添舞台艺术的内涵和深度。

（3）运用多媒体技术创新现代舞台服装设计效果。现代科技的发展为舞台服装带来了新的可能性，如 LED 灯带、虚拟现实技术等，可以使舞台服装呈现出更为丰富多彩的效果，增强观众的沉浸感和参与感。

第二节 舞台服装分类设计

一、舞台服装材料设计

舞台服装涉及舞台表演的视觉效果和演员的表演效果。在选择舞台服装材料时，必须综合考虑戏剧的风格、角色的性格、舞台灯光以及观众的视角，以确保服装在舞台上呈现出最佳的艺术效果。

（一）天然纤维

天然纤维是舞台服装常用的材料，包括棉、亚麻、羊毛和蚕丝等，它们具有良好的触感、吸湿性和透气性，适合作为舒适和自然的服装面料，如民族舞、现代舞和话剧等舞台服装。此外，天然纤维面料经过染色、印花和刺绣等工艺处理，可增加服装的色彩和图案，适用于歌剧和音乐剧等表演。然而，天然纤维的缺点是容易起皱、缩水和褪色，需要注意维护保养。

（二）人造纤维

人造纤维也是舞台服装常见的材料，如尼龙、涤纶和腈纶等。这些材料具有耐磨、耐皱、不易变形和保温的特点，适合作为结实和保暖的服装面料，如冬季演出和户外演出服装。人造纤维面料可以经过涂层、复合和金属化等工艺处理，增加服装的光泽和质感，适用于芭蕾舞和歌舞剧等表演。然而，人造纤维的不足之处在于它不够柔软，吸湿性较差，容易产生静电，需要注意合理搭配。

（三）混纺纤维

舞台服装材料可以使用混纺纤维，如棉与涤、棉与麻、羊毛与涤等。这些面料是将天然纤维和人造纤维按一定比例混合而成，结合了天然纤维和人造纤维的优点，适合制作多样化和实用性强的戏曲、杂技、魔术等表演服装。混纺纤维可以根据不同的需求调整比例和工艺，以得到不同用途的面料。

选择舞台服装面料要考虑不同演出形式、内容和风格的要求，同时也要顾及服装的舒适度和耐用度。

在考虑舞台服装面料的特点时，以下几个方面尤为重要：

1. 舞台灯光对服装的影响

舞台灯光可以改变服装的色彩和明度，因此，服装设计必须根据灯光的变化，选择合适的面料和色彩，以使服装在不同的灯光下呈现出最佳的视觉效果。例如，在强烈的灯光下，浅色或有光泽的面料会显得更加明亮和鲜艳，而在昏暗的灯光下，深色或无光泽的面料会显得更加沉稳和内敛（图3-12）。

2. 舞台距离和视角对服装的影响

舞台距离是指观众与舞台之间的距离，视角是指观众与舞台之间的角度。舞台距离和视角会影响观众对服装细节的感知，因此，服装必须根据舞台距离和视角的不同，选择合适的面料和图案，以使服装能够在不同的距离和角度下呈现出最佳的视觉效果。在远距离或斜视角下，粗糙或有纹理的面料会显得更加立体和有层次，而在近距离或正视角下，细腻或无纹理的面料会显得更加平滑和精致。

3. 演员动作和表演对服装的影响

演员动作和表演是指演员在舞台上的肢体语言和情感表达。演员动作和表演会影响服

图 3-12　晚会舞台服装

装的形态和风格，因此，服装必须根据演员动作和表演的不同，选择合适的面料和款式，以使服装能够在不同的动作和表演下呈现出最佳的艺术效果。在活泼或激烈的动作和表演下，轻薄或有流动性的面料会显得更加灵动，而在沉静或缓慢的动作和表演下，厚重或有稳定性的面料会显得更加沉着和有力。

　　舞台服装面料的选择必须考虑舞台灯光、舞台距离、视角以及演员动作和表演等因素。合理选择面料，可以使舞台服装在演出中展现出最佳的艺术效果。

二、舞台服装色彩设计

　　舞台服饰色彩在舞台艺术中至关重要，作为服装的三要素之一，色彩在传递信息和激发情感方面占据着重要的位置。当演员出现在观众面前时，观众首先感知的是舞台服装的色彩，然后才是款式等。对于舞台表演服装来说，色彩的重要性不言而喻。因此，舞台服饰设计必须充分利用色彩来确保人物的形象，从而突出人物的性格、情感，使其在舞台上得以凸显。

　　舞台服饰色彩的设计必须以色彩学基本原理为基础，同时要考虑舞台服饰色彩本身的独特性。舞台服饰的色彩设计必须以人物形象为依据，根据人物的身份、性格，选择服饰色彩，在追求艺术性的基础上增加实用性。

　　舞台剧是在舞台上表演的戏剧，舞台与观众席之间有一定的距离，距离感导致舞台服饰色彩的设计更应以纯色为主，避免过多的颜色配色，以免干扰观众对剧中人物身份等方面的判断。舞台服饰色彩的呈现也应避免过于烦琐，过多琐碎的色彩可能使观众难以抓住重点，从而失去了服饰色彩的作用。此外，舞台服饰色彩的设计还需要考虑与舞台其他环境色的统一，以达到视觉平衡。

（一）舞台服装色彩的特性

舞台服饰色彩的重要性不仅在于吸引观众的视觉关注，更在于其对表演的情感表达和角色塑造的影响。色彩是一种直接传达情感和情绪的语言，它可以帮助观众更好地理解角色内心的世界，加深对戏剧情节的共鸣。

色彩对于舞台服饰的塑造作用，不仅表现在人物形象的刻画上，还能影响整个舞台的氛围和戏剧效果。比如，在喜剧中，明亮、鲜艳的色彩可以增加观众的欢乐感，促进笑声的产生；而在悲剧中，暗淡、低饱和度的色彩则能表现出人物的忧伤和沉重。舞台服饰色彩的设计不仅要考虑个别角色的表现，还要考虑整体舞台效果的协调统一。通过对色彩的巧妙运用，在视觉上打破单一的平面感，增加舞台的层次和深度，使整个表演更加生动有趣。

1. 源于生活

舞台服饰色彩源于生活，是因为舞台服饰是建立在合乎时代历史考据的基础上。尽管有些特定的舞台服饰看起来与现今的生活服装毫不相干，但深入探究其来源，都能追溯到故事所发生的时代背景和地域文化，它汲取了生活中的元素，并在高度总结概括的基础上应用于舞台艺术。经典话剧《茶馆》就是一个很好的例子，其整体服饰色彩主要以暗淡的黑、白、灰为主色调，因为剧中时代背景设定在清朝末年，人们生活困苦，无暇也无力关心自己的服装，而其中满族后裔常四爷则穿着靓丽的蓝色服装，以彰显他的身份特征和与其他人的区别。同样，在时代背景为五四时期的话剧《家》中，高觉新结婚时穿着鲜艳的红色喜服，是源自中国传统的观念，认为红色为喜庆的色彩，如图3-13所示。

2. 象征性高于实用性

舞台服饰的色彩并不是为了实用而存在，而是更多地承担象征作用。这种象征性是人们约定俗成的给色彩赋予的属性，让观众在看到特定的色彩时产生相应的联想。在舞台戏剧中，服装和色彩都必须服务于整个戏剧的主旨，不同于日常服饰的自由选择，舞台服饰的色彩必须合乎角色的身份，成为人物角色的代表符号。通过这样的符号，观众能够产生对色彩的记忆，进而产生联想。例如，歌剧《图兰朵》中的一幕，大殿内权贵成员的服饰采用明亮的黄色、白色等，而殿外穷苦的百姓则穿着灰暗色系的服装，这两个色块的对比清晰地刻画出人物的地位差异，如图3-14所示。

3. 具有依赖性

舞台服饰并不是独立的个体，它必须与舞台美术和舞台戏剧相互融合，共同塑造完美的舞台画面，使观众获得美好的观赏体验。因此，舞台服饰色彩的设计并不仅仅以服装的固有色为标准，而是依赖于舞台美术的诸多因素，例如，舞台灯光的处理、与舞台布景的关系、人物自身特性以及角色与角色之间的关系等。舞台灯光的强弱、色相、角度等都会让服装的色彩产生变化，甚至让身着白色服装的人物在红色灯光和蓝色灯光照射下呈现不

图 3-13　话剧《家》

（图片来源：百家号/乌江之子老瞿）

图 3-14　歌剧《图兰朵》服饰色彩对比

（图片来源：央广网）

同的色彩，从而给观众带来不同的感受。舞台布景则是整个舞台画面的大背景，舞台服饰则是点缀其中的亮点，选择服饰时必须与背景形成巧妙的对比，使人物更加突出。

（二）舞台服饰色彩的功能

舞台服饰色彩在传递剧情信息、塑造人物形象和营造戏剧氛围等方面具有显著的作用。舞台服饰的色彩源于生活，但经过艺术加工和设计，赋予了更高的象征性和感染力。

1. 传递剧情

舞台服饰的色彩扮演着传递剧情信息的任务，是观众与舞台演员之间的视觉媒介，因此舞台服饰的色彩选择必须紧密与戏剧的时代背景、地域文化、人物身份等要素相联系。通过色相、明度和纯度的运用，使观众对剧情的背景有直观的认知。例如，通过明黄色、亮红色和亮蓝色等色彩来凸显中国清宫话剧《甄嬛传》中皇室的尊贵身份，同时反映剧情发生的年代和地点，进一步突显了宫廷内部权力斗争的氛围。同样，在汉朝背景下的话剧《司马迁》中，通过黑、红配色和绛紫色彩，凸显皇帝的尊贵地位，反映汉朝的风采与权威（图3-15）。舞台服饰色彩不仅传递剧情信息，还有着强大的象征意义。它通过特定色彩赋予人物独特的代表性符号，进而激发观众的联想和情感共鸣。舞台戏剧是一种在虚构情境下演绎的艺术形式，因此，服饰的色彩选择需要符合角色身份。

图3-15 话剧《司马迁》

舞台服饰的色彩设计与舞台灯光处理、舞台布景等因素相互关联，共同营造完美的舞台画面。服饰色彩需要与舞台美术因素协调一致，确保服饰的色彩与背景环境的和谐统一。此外，服饰色彩的选择还应考虑角色自身的特点，如体型、肤色、性格等，使服饰更好地凸显人物特质。舞台服饰色彩的运用需要精心安排、整体性考虑，色彩才能发挥其最佳效果。使舞台艺术成为一种独特的视觉盛宴，引领观众进入戏剧的世界，感受其中的情感和内涵。

2. 塑造人物形象

舞台服饰色彩在塑造人物形象方面具有重要作用。通过服饰的色彩，可以直观地展现角色的内心情感，将其个性化特征外化呈现。舞台戏剧受表演性质的限制，往往赋予人物角色明显的性格特征，而服饰的色彩可以通过明显的差异来丰富舞台戏剧并突显人物性格。现代色彩心理学的研究表明，红色代表热情、自信和欲望；粉色象征优雅、甜美或青涩、幼稚；蓝色体现冷静、理智和平静；黑色传递严肃、悲伤的情感；白色呈现神圣、纯真等情绪。这些色彩可以通过舞台服饰的运用来展示角色的个性和心理变化。

舞台服饰的色彩不仅传达剧情信息和渲染气氛，更重要的是突出剧中人物的个性和心理变化。使观众通过服饰色彩感受角色的身份、年龄、性别和个性等抽象元素。在一场跌宕起伏的舞台戏剧表演中，演员根据情节变化和场景的不同表现出不同的心理活动，而舞台服饰的色彩可以将这些心理活动具象化。根据不同情景，服饰色彩的运用可以创造出不同的场景氛围。人物搭配的服装和色彩与人物所处的处境密切相关。例如，歌剧《托斯卡》中女主角的服饰色彩变化突出了服饰色彩在塑造人物形象方面的作用。舞台服饰色彩的巧妙运用使人物形象得到色彩化的塑造，从而赋予舞台戏剧更强烈的感染力和艺术魅力（图 3-16）。

图 3-16　歌剧《托斯卡》

3. 引导故事走向

舞台戏剧的服装在塑造人物结局和命运方面发挥着重要作用。服饰色彩通过冷暖调的运用来表达场景和情节，暗示着戏剧的主题和情感思想。暖色调服装给观众带来温暖、快乐、柔和和幸福的感受，而冷色调服装则营造出距离感，使人物封闭，表现出悲伤、孤独、凄凉和痛苦的情感。这样的感觉引导观众情绪，营造整个戏剧的色彩情感氛围。

舞台戏剧中人物的结局和命运通常通过服饰色彩来透露。整体灯光的烘托或者人物的服饰色彩展示，都会为整场表演奠定基调。舞台服饰通过不同的色彩来确立人物的命运基调。戏剧表演借助人物的服装和色彩的协调搭配，揭示结局的走向，使观众从整体表演和服饰色彩中发现和感受结尾。芭蕾舞剧《梁山伯与祝英台》最后一幕中梁祝二人双双殉情，但二人都化为蝴蝶可以双宿双飞，这样的结局对于梁祝二人来说是美好的，两人的服饰色彩定为柔和的粉色和蓝色，其他配角的服饰色彩也多为鲜艳的颜色，暗示梁祝二人可以相伴一生的命运（图3-17）。

图 3-17　芭蕾舞剧《梁山伯与祝英台》

除了舞台服饰色彩的运用，舞台灯光也是舞台艺术中不可忽视的重要组成部分。舞台灯光的调节不仅能改变服饰色彩的明暗度和色调，还能创造出不同的光影效果，进一步丰富表演的视觉效果。灯光的明暗变化可以营造不同的氛围，从而调整观众的情感共鸣。比如，在戏剧中的重要情节或高潮部分，通过增加灯光的亮度和色彩的饱和度，能够吸引观众的注意力，突出戏剧的紧张气氛。而在柔情脉脉的场景中，适度的柔和灯光则更能凸显出角色的温柔和浪漫。舞台服饰色彩的设计还需要考虑观众的视觉感受。观众观赏戏剧通常处于一个特定的视角和距离，舞台灯光可根据观众的视觉角度来调整服饰色彩的亮度、对比度和饱和度，以保证观众在远处观看时也能感受到服饰色彩的美感和表现力。此外，舞台服饰色彩的设计还需要考虑演员的角色表演和心理状态，演员通过穿着特定的服饰色彩，可以更好地融入角色，找到内心的情感共鸣，进而更好地表现角色的情感和心理变化。服饰色彩的设计不仅帮助演员塑造角色，还可以为演员提供情感表达的依据和切入点，让他们能够更自然地投入角色中，展现出真实的表演。

三、舞台服装造型设计

舞台服装造型设计在舞台表演中不仅是舞台美学设计的组成部分，也是直观呈现表演者外在形象的手段，同时也具有时代意义的舞美设计。在科技不断进步的今天，舞台表演对于现代化的要求也更为迫切，尤其是在大规模舞台表演或国际性演出中，舞台服装造型设计需要突出整体风格和艺术内涵，以适应观众的审美需求。舞台服装造型设计对于角色的塑造和人物形象的表达至关重要。观众可以通过服装造型直观地认知角色的特点、个性和性格特征，为整个表演增色不少。

舞台服装造型设计不再是简单的服装道具，而是一种环境氛围的营造手段，也是表达情感和烘托情绪的表现形式。不同的舞台表演有其独特的服装造型设计特点，但无论何种表演形式，舞台服装造型设计都应遵循统一性和创新性原则。统一性原则是指服装造型设计要与整体舞台效果相协调一致，确保观众获得一致的视觉体验。而创新性原则则要求舞台服装设计在融入时代需求的同时，不断地引入新的元素，使舞台表演保持新鲜感和时代感。通过巧妙的设计，舞台服装可以突出角色，传递戏剧主题，引导观众情绪，使整个舞台表演更加生动和感染人心。

在我国的舞台表演艺术中，主要分为话剧、歌剧、舞剧、戏曲四种形式。每种表演艺术都有其独特的特点，对舞台服装造型设计提出不同的需求。

舞剧通常强调舞者的动作和姿态，因此，服装设计应注重简洁和鲜明，以突出角色的性格特征。不同类型的舞剧可能在服装造型上有所不同，总体来说，色彩设计和装饰设计都十分突出，以增强舞者在舞台表演中的主体地位。

戏曲表演艺术在我国具有悠久的历史和传统。在戏曲表演中，舞台服装造型设计通常遵循传统的设计原则，受到古老发展历程的影响。然而，随着戏曲的不断发展，现代版和青春版的戏曲也逐渐兴起，导致舞台服装造型设计更加简洁，与现代生活更加密切相关。无论是舞剧、戏曲还是话剧歌剧，舞台服装造型设计都在舞台表演中扮演着不可忽视的角色。

在现代社会，舞台服装造型设计需要结合时代的发展和观众的审美需求不断创新，注重简洁和鲜明的设计原则，同时也要保持传统文化的传承。只有在不断探索创新的过程中，舞台服装造型设计才能更好地满足观众的需求，为我国舞台表演艺术的发展贡献更多的魅力与活力。

四、舞台服装分类设计

（一）话剧服装设计

话剧服装的设计和存在需要从微观和宏观层面同时考虑。

（1）微观层面。微观层面的话剧服装设计，需要与特定的戏剧空间和舞台场景相适应。服装不仅要符合人物角色的特点和个性，还要与舞台的布景、灯光等因素相协调，以营造出统一的视觉效果。服装的细节设计，如颜色、材质、款式等，都应该与舞台表演的要求相一致，以确保服装在舞台上呈现出最佳效果。

（2）宏观层面。宏观层面的话剧服装设计受话剧风格和历史背景的影响，话剧的风格决定了整体的舞台表演风格，从现代主义到古典主义，每种风格都有不同的服装要求。历史背景也会影响服装的设计，特别是当话剧发生在特定历史时期时，服装必须符合当时的时尚和社会背景，以保持历史真实性和时代感。

（3）科学技术的影响随着科技的发展，服装设计利用现代技术和新材料创造更加复杂、立体和视觉效果更丰富的服装。例如，利用灯光和投影技术增强服装的表现力。

话剧服装设计是一项综合性的艺术任务，通过对 S. H. T 三要素的分析，更好地理解话剧的需求，创造出更具表现力和感染力的服装形象，为观众带来独特的视觉感受。

1. 风格要素

在话剧服装设计中，风格要素扮演着重要的角色。这里的风格特指话剧本身所呈现出的艺术特征，是话剧的核心和灵魂。话剧风格的表达通过不同的设计元素，其中之一就是话剧服装。在进行话剧服装设计时，必须了解其服务的话剧作品的核心特征，以确保服装设计能够真正表达话剧的艺术精髓。只有紧紧围绕话剧风格进行服装设计，才能成为话剧内核精神的有效表达途径。同一部话剧可能在不同的年代经过多次改编和演绎，但其核心特征和独特风格需要得到保持，因此，优秀的话剧服装设计应牢牢把握住话剧的风格要素，以确保表演者在舞台上能够"神似"而不至于"脱相"。

在话剧服装的设计过程中，需要深入研究话剧的剧本和主题，以理解其所要表达的核心情感和思想。服装设计应该与话剧的时间背景、社会环境和文化内涵相吻合，以保持对话剧原作的忠实性和时代感。如果话剧发生在历史上的特定时期，服装设计应该反映当时的时尚和风格，以确保观众能够真实感受到该时代的氛围。

此外，话剧服装的风格还应与剧中人物角色的特点和性格相契合。每个角色都有独特的个性和情感，服装设计应该通过色彩、款式、面料等元素来展现角色的内心世界和情感变化。例如，对于一个自信坚定的角色，服装可以选用大胆鲜艳的颜色和挺拔的款式，以凸显其个性；而对于一个内敛柔和的角色，服装可以选择柔和温暖的色调和舒适的面料，以突出其温柔的一面。在话剧服装设计中，通过对话剧风格的准确把握，为观众呈现出真实、感人且具有震撼力的角色形象与话剧内核精神，从而为话剧的艺术表达增色添彩。

2. 历史要素

历史要素分别是话剧内容所发生的历史背景和话剧表演所处的时代背景。

（1）历史背景。从话剧内容本身的角度来看，每部话剧都具有独特的历史文化背景。在剧中，情境的特定时空涵盖政治、经济、文化、地理等方面。当演员在舞台上扮演角色时，他们的服装应与所描绘的历史背景相符合，以确保服装能够与剧情融为一体。这是历史要素的第一个含义，即话剧内容本身发生的历史背景。例如，话剧讲述某个历史事件或时代背景，服装设计应当反映出当时的时尚和风格，使观众能够身临其境感受当时的氛围和环境。

（2）时代背景。历史要素还涉及话剧表演所处的时代背景。经典剧目在不同的历史时期可能会经历不同的改编和演绎，因为每个时代的社会价值观念都会发生变化。编剧和导演在进行话剧改编时，必然会受到所处时代的影响。这种影响会体现在服装设计的选择上。服装设计要在保持原剧内核的基础上，根据时代的特点和审美观念，对服装进行相应的调整和演绎。这样，观众在观看话剧表演时，会感受到时代变迁和社会进步所带来的历史感受。

话剧服装的历史要素是与话剧内容和表演时代紧密相连的。服装设计时，需要对剧情的历史背景有深入的了解，并能理解不同时代所代表的社会氛围和文化价值观。只有准确把握历史要素，服装设计才能在视觉上为观众呈现出真实、生动的历史画面。同时，通过服装的历史表现，观众能够更好地理解和感受话剧的内涵，使演员与观众之间建立更加深刻的情感联系。

3. 科学技术要素

话剧服装中的科学技术要素在话剧表演中有着非常直观的体现。随着社会的不断进步和科技的不断发展，话剧表达与实现也随之产生巨大变化。在舞台灯光、音乐以及服装设计等方面，技术的不同都对话剧表演产生影响。

（1）技术的进步为话剧服装设计带来了更多的可能性和创新空间。现代科技使得服装设计能够运用先进的材料、制作技术和数字化设计手段，创造出更加独特和精美的服装效果。例如，高科技的 3D 打印技术使服装可以以前所未有的精准和个性化来制作，增加服装的艺术性和表现力。同时，现代科技也使得服装的舒适性和功能性得到了提升，演员在表演中能够更加自如地展现角色特点。

（2）技术的运用使得话剧服装在舞台上呈现更加绚丽的视觉效果。灯光技术的进步使得服装在不同光线下呈现出不同的颜色和光影效果，增加了舞台的层次感和戏剧性。音乐技术的运用也为服装的展示提供了更多的表现手段，音效的搭配可以进一步丰富服装的意境和情感表达。通过运用这些技术手段，服装在舞台上成为话剧艺术中的亮点和吸引眼球的焦点。

总而言之，话剧服装的技术要素是话剧表演中不可忽视的组成部分。新技术的运用为服装设计带来了新的表现手段，使得服装在舞台上呈现更加绚丽多彩的效果。然而，在使用技术时，要确保技术能够为话剧的内核特征服务，而非取代其本质。只有合理运用技术，才能使话剧服装在舞台上焕发出独特的魅力。

这些戏剧作品以其独特的故事、情节和意义吸引着观众。它们通过不同的风格、历史背景和技术要素展现出丰富多彩的艺术魅力，带给观众深入的思考和情感体验。每部作品都承载着创意和思想，使戏剧艺术在不断发展中焕发着新的光彩。

（二）歌剧服装设计

歌剧服装在舞台艺术中是对演员形象的直观表现，具有明显的戏剧代表性。舞台服装的设计不仅可以帮助观众更好地感受歌剧，还能辅助演员深入演绎角色，是歌剧创作的组成部分。设计者需要拥有服装设计知识，还需要具备阅读剧本、理解剧情以及与导演、灯光设计师等合作的能力。同时还要有丰富的戏剧知识和审美意识，并能通过创意和技术手段将角色和故事表达得更加深刻和生动。优秀的舞台服装设计包括以下方面。

1. 质感要素

歌剧是融合多种艺术形式的综合性戏剧作品，演员的表演动作相对较为简单，因此，在服装设计上，较少受到动作限制，可更加自由地选择面料。歌剧演员的服装注重质感与丰满感。选用具有质感的面料能够为演员的形象增添层次，使观众在观赏时感受到更加饱满的表演。例如，歌剧《卡门》中，吉卜赛女郎卡门的火红长裙，多层纱交叠缝制的领口，以及走私犯的不同服装面料，都通过质感的巧妙设计，凸显了角色的特点与情感。斗牛士的硬挺西装面料、金色纽扣和珍珠挂饰，使其成为整部歌剧中最引人注目的角色（图3-18）。

图3-18 歌剧《卡门》

服装的质感在歌剧中扮演着传达信息、展示情节转变、揭示人物地位转变以及突出主题的作用。在创作时需细致地考虑服装面料的选择，以确保其质感适合角色的设定和剧情的发展。在歌剧的演出中，质感丰富的服装能够直观地传递信息，引导观众情感，为观赏体验增色不少。

2. 廓型要素

歌剧服装设计的款式需要充分考虑其艺术特性，因为歌剧作为一种戏剧形式，主要依赖声音来向观众传达故事主题和时代背景。为了使观众在聆听故事的同时也在视觉上得到丰富体验，常常希望歌剧服装具有戏剧化和夸张化的特点。其中有效的手法是放大服装的廓型，但并非设计奇异的款式，而是适度地进行夸张。

以 2009 年由国家大剧院和上海歌剧院联合制作的歌剧《西施》为例（图 3-19），该作品改编自一个脍炙人口的历史故事。在故事中，吴王夫差所在的吴国非常强大，吴王夫差及吴国百姓的服饰质感极佳，服装廓型沉重而稳重，黑红色调搭配金属配饰传达出胜利者的气息。另一方面，越王身着粗布麻衣，朴实简朴的服装彰显其在吴国的贫困状况。但随着剧情的反转，越王身着龙袍和华服，款式与之前的服装形成鲜明对比，凸显其威严的统治地位。越后也换上华丽的紫黑色服装，领口设计大廓型，彰显胜利者的尊贵地位。

图 3-19 歌剧《西施》

因此，服装廓型在歌剧服装中扮演着不可或缺的角色，它能清晰地传递角色的地位和性格转变等重要信息，使观众更加深入地理解和感受故事情节的演变。通过适度夸张服装的廓型，能够有效地营造出与角色设定相符合的视觉形象，使歌剧演出更加生动丰富。

3. 形象要素

在一场演员阵容强大的歌剧演出中，观众之所以能够清楚分辨人物关系，除了演员的唱词外，服装也扮演着重要的角色。歌剧作为一种依靠声音来传达故事主题和时代背景的戏剧形式，通过不同的服装帮助观众区分各个角色，结合场景布置也能让观众更直观地感受到故事情节的发展。

歌剧服装的设计不仅要考虑观众的视觉感受，还需要深入理解剧本所表达的含义和每个角色的性格及定位。一个成功的歌剧演出需要众多角色共同努力，而服装正是一种辅助演员表现厚度和揭示角色关系的重要手段。不同款式、颜色的服装能帮助观众直观地感知不同演员所饰演角色之间的关系。在考虑服装设计风格和元素时，应该充分展现不同角色之间的联系，避免突出某一角色而疏忽其他角色之间的关联性。要特别注意多主演之间的关系，适度地加以区分，强调角色与角色间的前后关系、主次和强弱之分。另外，歌剧服装设计也是一个揭示人物性格的重要途径。演员与观众之间存在一定的距离，无法真正了解演员内心的精神世界。在这种情况下，服装成为沟通演员与观众的桥梁，通过不同的元素和手法表达角色的性格特征，使观众更直观地了解角色所要传达的信息。

歌剧服装还能传达故事情节，体现剧情的递进和转折。通过不同款式、颜色和面料的巧妙运用，让服装呈现出时间和地位的变化，引导观众在剧情转折处产生共鸣。同时，需要考虑服装的变换，以提醒观众剧情的发展和转折。

总之，歌剧服装设计在揭示人物关系、性格和故事情节方面不可或缺。歌剧服装设计需要综合考虑多个因素，以精湛的设计和合理的安排帮助演员表现角色，让观众在观赏歌剧演出时深入理解和感受角色之间的关系，让整台演出更具感染力和艺术价值。

4. 案例分析

歌剧《韩信》以楚汉战争为背景，以兵家代表人物韩信为主线，演绎了错综复杂、波澜壮阔、跌宕起伏的历史剧。在剧中的服装造型设计中，运用了象征、夸张、装饰等多种设计方法，以显示刚愎自用、不识时变的韩信；心胸宽广、领袖卓群却善变狠辣的刘邦；胸怀大志、骁勇善战却目光短浅、谋略不足的项羽；以及温柔细腻、柔情缠意的秦娥；专权残酷、阴狠毒辣的吕后；倾国倾城、勇敢坚贞的虞姬等角色形象立体地展现出来。

歌剧服装设计是歌剧艺术中舞台语言表现形式之一，其功能不仅是在视觉上彰显人物身份地位和烘托人物性格特征，更在剧情发展、背景烘托和矛盾冲突推进方面起着重要作用。本文将着重研究《韩信》中服装造型的象征性设计应用，从多角度、多方面、多层次深入探析歌剧服装中象征性设计手法的实践应用。

（1）色彩。色彩在歌剧《韩信》中扮演着象征性的重要角色。不同色彩能唤起观众不同的情感和反应。色彩的明度、纯度和色相的变化在视觉上引发兴奋与沉闷、华丽与朴素、轻薄与厚重等情绪和感觉变化，同时也有助于创造戏剧空间的感觉，使剧情更加丰富深刻。歌剧《韩信》中的服装设计充分利用象征性的设计手法，将服装的色彩配合舞台效果，服装色彩的搭配与舞台灯光、音乐的结合，呈现出令人热血沸腾的战场氛围和威武庄重的气氛，也营造出韩信凌厉冰冷、骄傲自满的性格特点。这些象征性的设计手法，丰富了歌剧《韩信》的舞台效果，使观众更加深刻地感受到剧情的发展和人物的性格特点（图3-20）。

（2）款式。在歌剧《韩信》中服装的款式廓型扮演着重要的角色，因为舞台与观众之间有一定的距离，服装成为观众了解角色的第一视觉语言。通过款式的设计，能够展现角色的身份和烘托场景的氛围，同时服装中包含的符号象征性也是推动剧情发展的重要设计要点。在款式设计方面，歌剧《韩信》中的服装廓型在表现帝皇、王妃、大臣、谋士等尊贵身份时，多采用褒衣博带、交领右衽、前系蔽膝等形式，展现出雍容华贵的气质和庄严的威仪感（图3-20）。这些款式象征着贵族的身份和当时审美偏好。例如，在荥阳会师和功成身死千古憾的场景中，刘邦和吕后的服装肩部进行了加宽的处理，使服装更加华贵，整体廓型更加夸张，营造出令人敬畏的庄严威仪感。在韩信即将被刺杀时，伴随着沉重的音乐和冰冷的编钟，服装中的蔽膝装饰也营造出阴森恐怖的氛围。

图3-20　歌剧《韩信》1

（3）纹样。纹样的象征性在歌剧《韩信》的服装设计中也得到了充分体现。纹样的使用基于对身份、地位、夙愿等的象征意义。刘邦、韩信和吕后的服装中大量采用象征最高统治阶级身份的龙纹纹样。刘邦的主纹样皆为龙纹，体现了帝王的正统地位（图3-21）。韩信的服装中的龙纹则在封为齐王的外搭长袍的缘边和大婚场景中的服装下摆的中间进行装饰，显示了他的地位相对较低。在吕后的服装中，凤纹纹样被广泛使用，并进行了造型夸张的艺术处理，突显了她身份尊贵华丽的同时，也表现出她张扬跋扈、独断专制的形象。歌剧《韩信》中的服装设计运用纹样的符号象征性，展现角色的身份特点和烘托了场景氛围，同时也有助于推动剧情的发展。在歌剧表演中服装通过细致的设计，能够让观众更深入地了解角色的性格与地位，增强观众对剧情的沉浸感与情感共鸣。

（4）面料。在歌剧《韩信》中，服装面料在角色的身份表达、性格特点和精神面貌的塑造以及整个剧情的反映表达中起着关键作用。不同面料具有不同的特性，通过面料的选择和使用，可以诠释不同角色的性格特征和身份地位，推动剧情的发展，同时也烘托故事的氛围。

图 3-21　歌剧《韩信》2

在面料选择方面，歌剧《韩信》中使用了质地厚重、挺括、华丽的面料来展现主要人物统治阶级的地位象征。在大婚场景中，韩信和秦娥的婚服以及吕后和刘邦的礼仪服，其面料质地厚重，颜色绚丽多彩，视觉上显得庄重威严，增加了角色的威仪感和庄重气势，与婚礼的盛势和欢乐喜庆气氛相呼应（图 3-21）。而在诀别场景中，韩信和秦娥身着的燕服服装的面料则较为贴身，色泽暗淡，展现了悲伤的氛围和忧伤的心情，与角色的离别情感相契合。次要角色如宫女、宦官、司仪等的服装面料相对较为单薄，质地较为柔软贴身，颜色也较为暗淡，突出了主角的形象，同时也反衬了这些角色自身身份的卑微和低贱。在霸王北伐齐国场景中，舞女的服装面料薄、透、露与宫廷的奢靡相得益彰，营造出富丽堂皇的华丽氛围，与后面项羽悲惨结局产生巨大反差对比。

战场场景中的服装面料与其他场景不同。在北伐和田荣之乱的战场场景中，服装面料质地更厚重，线条更凌厉，诠释了战士们的力量和坚韧不拔的精神，同时彰显了战争的冷酷和无情。歌剧《韩信》中通过服装面料的硬或软、华丽或暗淡、挺括或贴身等特性来塑造角色形象，体现角色身份和性格特点，推动剧情发展，以及烘托故事的氛围。

（三）戏剧服装设计

在戏曲艺术中，唱腔、音乐、形体动作、服饰、化妆、道具等元素独立存在却又相互渗透，它们在表演过程中交融在一起，通过情境的交织与融合，创造出角色的品格、情感和心理。戏曲演员通过唱、念、做、打等基本技法，以及手、眼、身、法、步等基本法则作为媒介，创造舞台形象并重现生活。而其中的水袖功、翎子功、帽翅功、靠旗功、跷功等姿态和程式都以戏曲服饰作为载体。因此，戏曲表演与戏曲服饰是不可分割的艺术整体，演员充分借助戏曲服饰，通过服饰的辅助来塑造角色、表现动作、营造氛围，从而提升戏曲艺术的审美价值。

王国维在《静庵文集》中强调："一切之美皆形式之美也。"形式美指的是事物外观形式的美，包含多样性与统一性、对比与和谐、对称与均衡、节奏与韵律等，是视觉艺术所遵循的美学法则。传统中国戏曲服饰的形式美既涵盖了美术设计的形式美，也贯穿了服饰设计的一般原则，并进一步渗透着戏曲表演的独特要求。通过历代艺术家和民间艺人的构思和工艺实现，戏曲服饰不仅在整体设计上追求形式美，还在细节方面根据表演需要逐步确立，提炼出了褒、扩、颤、垂、变等一系列适应戏曲表演需求与美学特征的独特形式美。

戏曲服饰的形式美在表演中起到了重要作用。首先，服饰的造型与颜色能够直接传递人物的身份、性格和社会地位。通过精心设计的服饰，观众可以一眼辨识出角色的背景和特点，从而更深入地理解剧情。其次，服饰的细节能够增强表演的真实感和艺术感。舞台上虽然只有有限的道具，但服饰的细致处理和巧妙搭配，能够营造出更为丰富的舞台环境，为观众呈现出更具深度的戏剧世界。再者，服饰的变化与动作紧密结合，能够丰富表演的层次与情感。戏曲演员通过服饰的展示、抚摸、摆动等动作，将服饰融入动态的表演中，使观众能够更直观地感受角色的情感和心境。

总之，戏曲艺术中的各种元素如唱腔、音乐、形体动作、服饰、化妆、道具等，在表演过程中相互融合，为角色的形象创造出丰富的意象。戏曲服饰作为其中的重要一环，不仅在外观上塑造人物，还在形式美上体现了中国传统美学的独特魅力。通过服饰的设计、细节和表演的紧密结合，戏曲演员能够更好地展现角色的情感、品格和心理，从而提升戏曲艺术的审美价值，创造出深厚的文化内涵与艺术魅力。在这漫长的历程中，戏曲通过其入世的情感、娱乐性的特质以及教化的精神，持续传承至今。

戏曲演剧的演进源自原始歌舞和祭祀活动，经过俳优表演、先秦至汉唐的乐舞等阶段，逐渐发展至宋元杂剧、南戏、明清传奇，进而演变成近代京剧、越剧、黄梅戏、评剧、豫剧五大核心地方剧种，最终延续至今日的现代戏曲。这一历程贯穿了八百多年的时间。戏曲服饰在戏曲演剧的发展过程中也经历了从生活化到艺术化的转变。它形成了独特的审美规范，保持着恒定的审美标准。

戏曲服饰作为戏曲艺术的一部分，采用富有写意性的表现方式。它通过变形、夸张、寓意、象征等手段对现实生活中的服饰进行加工和提炼，从而形成一种介于生活服饰与非现实服饰之间的独特形态。这种处理方式有助于演员更好地传达情感和意义，为其美学追求服务，并与戏曲表演的形式达到了完美的融合。作为戏曲艺术的重要组成部分，戏曲服饰具有规范性、装饰性、角色性和可舞性等特征。

1. 规范性

规范性特征在戏曲表演中显得尤为严格，尤其是在服饰穿戴方面，各种人物角色的着装都受到严密的规定，"宁穿破，不穿错"恰恰体现了这一原则。在中国封建社会的严格等级制度下，传统戏曲剧目多以宫廷达官贵人的生活及故事为题材，因此，服饰在戏曲中承载着明显的阶级特征。尽管历史背景可能会引起服饰的时代错乱，但是不能使人物的着装等级混乱不堪。

在戏曲服饰的款式上，可以根据角色的身份来划分不同类型：公子戏装、帝王戏装、武将戏装、平民戏裳等。如蟒服原本是皇帝对功绩卓著的将领和大臣的封赐，因此，身穿蟒袍玉带的角色一出现在舞台上，观众立即能辨认出其高官厚禄的身份。在文武百官的官服系列中，通过官服前面的装饰来区分官职的大小和文官、武官的不同，文官使用飞禽的纹样，武官则使用猛兽的纹样。龙纹服饰仅限于皇帝及其亲属，皇帝绣金龙，皇后和妃子则绣丹凤。服装的色彩也有严格的规定，黄色代表尊贵，自唐代以来，黄色即为帝王的象征。文武百官的官服采用紫、红、蓝、黑等颜色来区分官职的高低，黄色是被禁止的，以此符合社会等级的要求。

戏曲服饰的细节也受到高度重视，包括冠饰、佩物、束带等。例如，在盔头设计上有着三十多种类型，而只有社会地位较高的人才有资格佩戴如鸡盔、凤冠等头饰。对于巾的选择也有区别，如扎巾、小生巾等，传达出百姓的身份。即便是相同类型的纱帽，根据不同的饰品和细节，如套翅、金花等分别代表驸马、状元等不同身份。带有朝天翅的冠帽是皇帝或高级大臣佩戴，平直翅子的纱帽则是中下级文臣所戴，如桃叶翅纱帽、尖翅纱帽等。这些细微之处都体现出明显的等级差异。戏曲服饰的规范并没有固定的条文规定，而是需要在实际演出中进行分析研究。服装的款式、质地、花纹、色彩等都紧密交织，需要根据角色的社会地位、性格特点和生活环境等多方面进行判断。

2. 装饰性

戏曲表演艺术是一种高度装饰化的艺术形式，它通过一系列的程式化的动作和造型来展现人物的性格和情感，而不是直接模仿现实生活。戏曲表演艺术的装饰性特征主要体现在以下方面。

戏曲表演艺术的舞台空间是一个虚拟化的空间，它不需要复杂的布景和道具，只需要"一桌两椅"或一座假山等简单的符号，就可以表现出各种不同的场景和气氛（图3-22）。戏曲表演艺术的舞台空间是一个开放的空间，它可以根据剧情的需要进行无限的扩展和变化，给观众以丰富的想象力和审美享受。戏曲表演艺术的服装是一种重要的装饰元素，不仅要与人物的身份、性格、情绪等相协调，还要与人物的动作、姿态、妆型等相呼应，形成一个完整的人物形象。戏曲表演艺术的服装也具有强烈的象征意义，它通过不同的色彩、纹样、图案等来传达人物的内在品质和外在特征，如善恶、忠奸、贵贱等。戏曲表演艺术的服装还具有一定的历史性和地域性，反映不同时代和地区的风俗习惯和审美趣味。戏曲表演艺术的动作是一种极具装饰性和程式性的动作，它不是简单地模仿现实生活中的动作，而是通过一些固定的规范和方法来创造一种超越现实生活的动作美。戏曲表演艺术的动作有着丰富的内涵和外延，可以表现出人物的思想感情、心理状态、性格特点等，也可以表现出环境氛围、场景变化、时间流逝等。戏曲表演艺术的动作还具有一定的象征意义，它通过一些特殊的手势、眼神、步法等来暗示或暴露人物的心理活动和命运走向。

图 3-22 戏曲中的一桌两椅

　　戏曲表演艺术是一种高度装饰化和程式化的艺术形式，它通过一系列虚拟化和象征化的手段来创造出一种独特的艺术境界，让观众在欣赏中体验到人物形象和故事情节所蕴含的深刻意义和美感。与之相对应，西方戏剧表演艺术则更注重写实性和真实感，它们试图把现实生活中的场景和细节尽可能真实地呈现在舞台上，让观众更容易认同和投入故事中。这两种不同风格的表演艺术都有其各自的优点和魅力，我们应该尊重并欣赏它们之间的差异与多样性。

　　3. 角色性

　　戏曲表演艺术，作为中国传统文化的重要组成部分，以其独特的表现方式和丰富多彩的角色分化，为观众呈现了一个丰富多样的舞台世界。在戏曲表演中，人物角色的划分和服饰装扮具有极其丰富的性格化、规范化和艺术化特征，构成戏曲艺术中引人入胜的重要部分。戏曲角色的划分是根据人物的性格、社会地位、身份等因素进行的。主要包括生、旦、净、丑四大角色，每个角色都有其独特的表现特点和表演方式。这种划分带有强烈的性格化特征，使观众在看戏时能够迅速辨识出不同角色的特点，从而更好地理解剧情的发展。戏曲角色的性格特点也通过服饰得以体现。每个角色都有其固定的脸部化妆、道具和服饰，这被称为"行头"。与现实生活中服饰随人物、情节的变化不同，戏曲中的服饰按照角色的规范进行套用，而根据不同的身份、性格和地位，服装的装饰会有一些微妙的变化。这种"通用格式"体现了戏曲服装角色性特征的核心。

　　戏曲中的男女角色，虽然服装款式相同，但在服饰配饰和图案方面有所不同。女性旦角常佩戴花饰、珠翠等，增添妩媚之美。男性生行则根据角色身份，戴上不同的帽子，体现尊贵之气。此外，服装的装饰也会随着角色的气质和社会地位而有所变化。在表演帝王将相的人物中，通常穿着蟒袍，显示出威严和权力。蟒袍是一种由龙纹或凤纹组成的华丽长袍，如《霸王别姬》中项羽的服饰（图3-23），以及《贵妃醉酒》中杨玉环的服饰（图3-24）。帔则是帝王权贵及其家属的家居服装，如《白蛇传》中，白素贞所穿的团花帔（图3-25）。在戏曲中，靠是古代盔甲的美化版本，经过改良后由缎料制成，虽然没有实战功能，但在表演中成为一种重要的装饰。软靠用于非战斗场合，而硬靠则在战斗中由武将穿着，如《长坂坡》中的赵云。此外，戏曲中的服装除了蟒、靠、帔、褶外（图3-26），其他装扮统称为衣，包括长衣、短衣、专用衣等。专用衣如钟馗衣、罗汉衣、猴衣等，专为突显特殊人物性格和身份而设计，具有鲜明的人物特征。

图3-23　京剧《霸王别姬》

图3-24　京剧《贵妃醉酒》

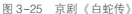

图 3-25　京剧《白蛇传》　　　　　　　　图 3-26　戏曲中的靠

服饰的色彩和配饰也在塑造人物个性方面发挥着关键作用。比如"黑刚黄谋，红忠白奸"即指服饰色彩的使用塑造人物形象。在塑造正义、豪放性格的人物时，通常使用黑色，张飞、包拯、项羽等角色的服饰多采用黑色，以突出人物的特点。此外，帽饰也常被用来塑造人物形象。正面人物通常戴菱形或方形的乌纱帽，而圆形帽多为丑角所戴，通过帽子的差异，增强了人物的形象特色。

综上所述，戏曲服饰的角色性特征在中国传统文化中占据着重要地位。通过服饰、装扮、化妆等手段，观众可以迅速辨识不同角色的特点，有助于把握人物形象的客观实体，使得舞台上的人物更加鲜活和清晰，从而增强了观众的沉浸感和艺术欣赏。这种独特的戏曲服饰角色性特征，是中国戏曲表演艺术的重要魅力之一，也为我们深入理解和传承这一独特文化遗产提供了宝贵的参考。

4. 可舞性

戏曲表演艺术，作为中国传统文化的瑰宝，以其独特的表现方式和丰富多彩的角色分化，为观众呈现了一个独特而饱满的舞台世界。戏曲表演通过唱、念、做、打等多种手段，将戏剧性、艺术性、舞蹈性融为一体，展现了丰富的角色形象、冲突发展以及情节剧情，而这种艺术形式的属性，决定了戏曲服饰必须具备强烈的可舞性。在戏曲表演中，演员通过甩发功、翎子功、髯口功、水袖功等歌舞技巧，诠释角色特质，而这些舞蹈动作和曲调都是前人经验的积累，是歌舞表演特性的体现，因此，必须有相应的服饰来配合和衬托。

戏曲表演中的舞蹈动作和音乐旋律都被前人精心创造，通过演员的跳跃、屈伸、回旋等充满节奏感的动作，使服装呈现飘逸、摇曳、翻飞等形式美感。同时，这些动作也产生了可舞性的视觉冲击力。盔帽上的绒球、额子，凤冠上的点翠、珍珠，它们的颤动性极其讲究，通过隐显地抖动，将演员的内心情感外化在观众面前，为戏曲情节的发展推波助澜。例如，在戏曲《杀驿》中，驿丞想要救犯官的矛盾心理，通过纱帽翅的抖动表达，观众能够迅速理解他的犹豫和决定（图3-27）。在戏曲中，服饰本身就是一种独特的表演元素，通过变形夸张的设计手法，如水袖，袖子被加长加宽，使其舞动起来极具缠绵的效果，仿佛行云流水，生动地展现了剧中人物的真情实感。例如，在戏曲《焚香记》中，敫桂英舞动水袖时，时缓时急，将桂英对王魁的怨恨和悲痛欲绝表现得淋漓尽致，引发了观众的情感共鸣，使观众在理解剧情的同时，也欣赏到了戏曲表演的独特魅力（图3-28）。

图 3-27　戏曲《杀驿》

图 3-28　戏曲《焚香记》

　　戏曲服饰的设计也注重人物角色的可舞性。在专用衣中，箭衣尤为突出，它四面开衩，使演员可以自如地行走，不受束缚，有利于展示人物的转身、行走、踢腿等动作，特别适合表现激动的情感。另外，靠作为戏曲服饰的大件，其造型别致，通常与古代的"深衣"相似，用缎子绣花，前后靠身分开，不紧贴身体，这样的设计使得演员可以更加自由地做出踢腿、抬腿等大幅度舞蹈动作，在演员进行飞腾、旋转等武打动作时，前后靠片的动态呈现能够创造出令人眼花缭乱的美感。

　　总之，戏曲表演艺术的可舞性在服饰方面得到充分体现。从服饰的设计、配饰的选择，到舞蹈动作的表现，都在强化角色的表现力和情感传递上发挥了重要作用。戏曲表演通过丰富的舞蹈技巧和音乐演奏，将人物的内心世界外化在舞台上，与观众产生共鸣。这种可舞性不仅增强了观众的沉浸感和艺术享受，也为戏曲艺术的传承和创新提供了更加广阔的空间。通过戏曲表演中的服饰，观众能够更深入地了解人物性格、情感变化，感受到戏曲艺术的独特魅力。

（四）舞剧（蹈）服装设计

　　在舞蹈表演中，舞蹈服装不仅需要突显本身的艺术性，还必须紧密结合舞蹈的特性，为舞蹈表达提供有力的支持。在舞蹈服装设计的指导原则下，服装需要根据舞蹈的本质和要求，对色彩应用和装饰设计进行相应的调整和创新。

　　舞蹈服装设计的首要任务是突出"舞蹈"的特性，因此，需要充分理解舞蹈的动态、韵律和情感表达，将这些特性融入服装设计中。服装应该能够与舞者的动作相协调，不仅在静态时呈现美感，更要在动态表演中展现流畅、舒展的效果。通过选择合适的面料、剪裁和设计元素，舞蹈服装能够更好地凸显舞者的线条和姿态，使其表演更加出彩。在考虑舞蹈服装的色彩设计时，必须考虑色彩对舞台空间感的影响。不同的色彩能够引发观众不同的情感和视觉体验，因此，需要根据舞蹈的主题、情感表达和氛围来选择合适的色彩。明亮的色彩可以增强舞蹈表演的活力和喜悦感，而柔和的色调则适合表达深情和内敛。此外，光线在舞台表演中也很重要，服装的色彩在不同灯光下的表现需要被充分考虑。在舞蹈服装的饰物设计中，设计不仅要考虑饰品的材质、形状等因素，还需要考虑舞台的灯光效果以及角色本身的特点。饰物的使用可以增强舞蹈表演的视觉冲击力，强化角色形象，但过度的饰物可能会影响舞者的舞蹈动作。因此，饰物的设计应该合理而精心，不仅要美观，还要与舞蹈动作相协调，不妨碍表演的流畅性。最终，舞蹈服装的设计需要在艺术性与实用性之间找到平衡。通过巧妙的设计，将服装与表演内容有机地结合，更好地传递角色情感和剧情内涵，给观众带来更加丰富的观赏体验。

1. 特殊性

　　舞蹈服装设计在众多服装设计领域中具有特殊性。与其他类型的服装不同，舞蹈服装设计强调服装自身的审美价值，专为舞蹈表演服务。舞蹈服装的设计原则以服务于舞蹈为中心，在设计过程中紧密遵循舞蹈的主题和情感，不过多地展现个人主观意识，这便是舞蹈服装设计的特殊性所在。

　　舞蹈服装展现的是立体的造型感，通过衣料的选择和剪裁，将平面的设计概念转化为真实的立体服装。这种造型的转变与舞者的肢体动作相互依附，共同展现出动态的美感。不同质地的衣料赋予服装不同的线条和纹理，厚重的衣料带来粗糙的线条感，而轻薄的衣料则呈现出流畅的线条美。同时，服装会造型也与舞者的肢体活动紧密相连，随着舞者不断变换姿势，服装会呈现出多样的立体造型。在舞蹈表演中，服装扮演着不可或缺的角色。观众常常通过舞者的服装来判断其性格、职业和经济状况。因此，在短时间内让观众了解舞台上的人物角色，理解舞蹈的内涵，舞蹈服装具有至关重要的作用。与其他类型的服装不同，舞蹈服装的主要目的是突出舞者的表演，将舞者的形象与角色完美呈现在观众面前。因此，舞蹈服装的造型语言承载了艺术表现的基本功能，与舞蹈表演相互补充，相得益彰。

舞蹈是一种通过肢体语言来表现艺术形象和思想的表达方式。舞蹈艺术的表演技巧依赖于形体的表达，通过形体的姿态和动态语言来呈现舞蹈的主题和思想。因此，在专业舞蹈服装设计中，除了要注重服装的美学性和艺术性，还要考虑到实用性。舞蹈服装设计需要全面了解舞者的身材、气质以及舞蹈的主题，从而为舞者量身定制服装。此外，还需熟悉各种舞蹈动作的特点，选择适合舞者在舞台上执行旋转、跳跃等大幅度肢体运动的面料。舞蹈服装的造型设计不仅要依据现实生活和历史背景，还需要兼顾服装的功能性和艺术性。这就要求专业舞蹈服装设计师拥有丰富的专业知识、深厚的文化修养和扎实的绘画功底。在设计过程中，需要运用美学、心理学、社会学、色彩学等多个学科的知识，将自己对国内外历史、文化和民族风俗的了解融入设计中。例如，在歌舞剧《白毛女》中，根据角色的不同社会背景和地位，服装的材质、样式、颜色等都需要进行巧妙的设计，以凸显角色的特点。

2. 引导性

舞蹈服装设计的色彩选择具有重要意义，因为不同的色彩能够产生不同的心理影响，对观众产生深刻的视觉和情感体验。色彩在舞蹈服装中起到了引导情感、塑造角色形象和营造舞台氛围的重要作用。色彩不仅是视觉的表现，更是情感和意义的传递，因此，在舞蹈服装设计中，色彩的选择与运用需要深思熟虑。

不同的色彩在心理上能够引发不同的情绪和感觉。暖色调如红色、橙色等传达富丽、热烈、喜庆的氛围，而且暖色会显得更有张力。相反，冷色调如蓝色、绿色等则常常带来冷静、清新的感觉，适合创造宁静、凉爽的舞台环境。这种色彩特性可以通过改变舞台的空间感和氛围来实现。色彩不仅是视觉的外在表现，还具有心理和情感层面的作用。人们常常会赋予不同色彩不同的意义，这些色彩的象征意义既有主观性，也有客观性，既受自然因素影响，也受社会文化的塑造。舞蹈服装的色彩选择需要与角色特点、情感表达和舞蹈编排相协调。优秀的舞蹈服装设计通常能够深刻理解舞蹈的创作意图，将服装的色彩设计与舞蹈的主题相融合，使色彩更好地表达舞蹈的情感和内涵，协助舞者塑造角色形象。

舞蹈服装的色彩选择也能够直接影响观众对舞台角色的印象和情感体验。通过舞者所穿服装的款式、面料和色彩，观众能够更容易地了解角色的心情、性格和身份。因此，在舞蹈服装设计中，仔细选择合适的色彩对于传达人物性格和情感非常重要。不同的角色和情节适合不同的色彩搭配，这种巧妙的色彩烘托有助于营造舞台的氛围，强化人物形象，使角色更加立体、生动。

3. 装饰性

在舞蹈服装设计中，装饰是一个广泛而重要的方面。具体到舞蹈服装，装饰性体现在通过形式美和装饰设计手法，借助各种面料材质，利用点、线、面、色彩、图案等装饰元素，来适应舞蹈表演中的肢体动作。然而，与一般的装饰作品不同，舞蹈服装的装饰是立体、流动的，这使舞蹈服装设计需要在整个设计过程中更好地结合舞蹈的特性，以有序、象征性的方式利用各种装饰元素，以求在不过分烦琐的情况下达到精妙的效果。

服装装饰的目的是满足人们对美的追求，增加服装的艺术价值。舞蹈服装设计需要熟悉不同民族和地区的着装特点以及舞蹈风格和舞台灯光等因素，根据不同角色的需要进行特定的设计和制作。无论是点缀、线条还是面饰，这些装饰元素都能够起到点睛和强调的作用，增强舞蹈服装的审美效果，使舞者更加贴近角色形象，使舞蹈表演成为真正的视觉享受。

随着科学技术的进步，在数字媒体技术时代，舞蹈艺术也在不断进步，设计在不断吸收新的知识和观念，融合新的设计理念、舞台形式和舞蹈内容，以达到更好的视觉效果。同时，通过合理运用舞蹈服装的造型、色彩、装饰等设计元素，舞蹈服装可以更好地为舞蹈作品增色添彩，提升舞台表演的艺术魅力。在多元化的时代，舞蹈服装的设计需要保持创新和开放的态度，不断追求美与艺术的结合，使舞蹈服装成为舞蹈艺术的精彩点缀。

4. 案例分析——《微尘》

舞蹈服装在舞蹈的视觉效果中占据着重要的地位，它与林怀民在《微尘》中的名言紧密相连，为这部舞蹈作品注入了深刻的内涵。不同于定制类、功能性服装以及创意服装，现代舞的服装在舞蹈表达中需要全身心地为舞蹈内容服务，展现角色情感，创造情境氛围，与舞蹈动作相呼应。林怀民是云门舞集的创始人，他的作品《微尘》成为"意向类"舞蹈作品的典范，将他对生命美学的赞美和对微小生命的颂歌融入其中。在《微尘》中，舞蹈服装不仅是演出的装束，更是整个舞蹈作品不可或缺的一部分。

首次亮相于2014年的《微尘》被赋予了深刻的意义。在这部作品中，林怀民呈现了一种绝望、悲伤的基调，但他关注的焦点却是微小生命所蕴含的力量。这部作品向观众展示了即使在黑暗笼罩之下，微尘也能够坚持并发出希望。这种以微尘为象征的舞蹈作品深深触动了观众的内心，带来强烈的情感共鸣。而马可为《微尘》设计的舞蹈服装，无论是在细节还是整体上，都与作品的主题高度契合。极简的服装设计凝练地展现了《微尘》的理念，彰显了马可"清贫而奢侈"的设计哲学。马可在舞蹈服装的每个细节中，都巧妙地融入了对微尘般微小生命的呈现，体现了服装设计与舞蹈表达的紧密结合。通过分析《微尘》的艺术追求、舞台服装形象、色彩特色以及独特的工艺，我们可以深入探讨意向类舞蹈服装的设计特点。在这个作品中，舞蹈服装不仅是角色的外在表现，更是情感、意境的传达工具。这种融合了艺术和实践的舞蹈服装设计，以其独特的表现形式，为观众带来了强烈的艺术感受。通过深入研究《微尘》，可以更好地理解意向类舞蹈服装在舞蹈创作中的作用，以及如何通过服装设计来强化作品的主题和情感（图3-29）。

（1）款式设计。《微尘》的舞蹈服装呈现出丰富多样的款式设计，每位舞者都拥有独特的服装设计。尽管整体款式多以衬衫、T恤等基础款式为主，但在细节上的精心设计却让其与舞者的身体和动作紧密相连。

图 3-29　舞蹈《微尘》1

　　领子的设计充满了创意，包括斜领、圆领、V 字领和翻领等，这些不同的衣领设计不仅是服装的装饰，更是为舞者的特色而量身定制。在舞蹈表演中，舞者领部的肌肤往往呈现出饱满的红色，或是因用力而涨红，或是因挥洒汗水而湿润，面部则是展现出各种表情，有狰狞、绝望，亦或其他多样。因此，领子的设计在衬托颈部和面部的特点方面显得尤为重要。袖子的设计同样充满考究，包括长袖、短袖、无袖，甚至有些袖子还设计了分叉或裂口。每位舞者的手臂动作和特征各异，而在《微尘》中，有大量的舞蹈动作需要舞者互相携手或高举手臂，仿佛在高呼，一名女舞者需要高举双臂，她的外套在手肘和腋下处裂开，暴露出肌肤，呈现出衣衫褴褛的状态，却仍然坚持高举双臂，表达出坚韧的意志。这样的设计通过袖子的裂口，传达出深沉的悲伤情感。其他举起手臂的舞者则多穿短袖，以便在灯光下更加醒目。他们的手臂时而高举，时而放下，似乎在迟疑、挣扎，展现出情感的纷繁（图 3-30）。

图 3-30　舞蹈《微尘》2

整体款式的设计需要与舞者的情感、性格和动作相呼应。一名在人群中翻滚的女舞者，需要将双腿抬起，因此，她的服装是裙装，侧开的裙摆方便动作，并能够在舞者被捧起时展示肌肤，使其在舞台上更加突出。而位于前排的舞者多穿长裤，以配合深下浅上的光影效果。在细节方面，服装的袖口有毛边、卷边、折叠等，展现出自然的质感，仿佛经历了岁月的洗礼。

尽管服装整体看似简单朴素，但背后却蕴含着深刻的设计意图，每个细节都经过精雕细琢，将服装与舞者的身体紧密结合，与舞蹈主题融为一体。这些服装不仅是外在的装饰，更是情感、情绪的承载者，将"微尘众"的渺小与强大的情感传递给每一位观众。在设计舞蹈服装款式时，不仅需要理解舞蹈动作，还要考虑服装如何与动作协调。无论是旋转、跳跃、举臂、抬腿，还是跪、躺、斜倾等动作，服装设计都应与之相融合，增强美感和情感的表达。此外，若需更高的艺术要求，还需要深入了解每位舞者的性格、舞姿和身体语言，以更贴切地为每位舞者设计服装。

（2）色彩设计。《微尘》采用植物染料制成，因此，呈现出许多手工制作的痕迹和自然磨损的痕迹。这种植物染料制成的色彩在服装上呈现出层次分明、深浅不一的效果。与人工设计的色彩细节不同，这种色彩是自然生成的，蕴含着生命之美。每件服装都经过手工染色，融入了人的努力和情感。正如《微尘》中所扮演的角色一样，身处灾难中的人们的服装应该充满经历，沾满了层层的"污垢"，镌刻着苦难的痕迹。每个人的服装色彩深浅也不同，正反面的色彩也会有所变化。袖口的翻转处色彩较浅，呈现偏黄色，而衣服的边缘则更加深沉。从中可以看出，每件服装都是独立染色的，并且色彩的深浅也经过精心的安排。袖子翻转处的浅色让袖子的设计更加明显，胸口、胸前和背后的色彩也呈现变化，仿佛是汗水多次沁湿后产生的自然褪色效果，就像难民们用汗水将衣服上的"泥土"洗净一般。这些细节的色彩都蕴含着难民们的特质，与舞蹈所要传达的情感完美契合。

在确定了服装整体的款式和色彩后，细节设计变得不可或缺。缺乏细节设计的填充会让服装显得华而不实，空洞无物，而添加了细节后，整体效果会更加强烈，更能引人深思。细节与形式共同存在，为服装赋予了更多内涵，使其内容与形式相得益彰。

（3）工艺设计。马可所主张的"无用"理念，将价值重新归位于人与情感之间的联系。在此观点下，服装不再仅是外观的堆叠，更是一种沉淀了情感和思想的载体。对于舞蹈创作家林怀民而言，舞蹈服装并非单纯的外在表达，而是背后核心思想的一种延伸。因此，服装的外貌虽然重要，但更应该关注其所承载的情感、故事以及制作过程中的用心。服装在与人之间构建情感联系的同时，也承载了思想与文化的价值。"微尘"作为一部以人与生命为主题的舞剧，为每位舞者量身定制了手工服装，一针一线的制作呈现了深厚的人情味。这些服装不仅是舞者在舞台上的外衣，更是制作者用情感和耐心编织而成的艺术品。每个舞者获得属于自己的服装时，都能感受到其中蕴含的情感和用心。而这种情感的表达，是机器生产无法复制的。舞者身着这样的手工服装登台演出，进一步凸显舞蹈作品的价值，也在舞者和观众之间留下深刻印象。舞者与服装之间的情感共鸣，让观众更深刻地体验到舞蹈作品所传达的情感与思想。在服装制作方式的选择上，手工制作与机器批量制作的平衡取决于时间和成本。然而，如果具备条件，尝试采用更具情感和人情味的手工制作方法，将情感注入服装的每一针每一线，为服装增添独特的情感色彩。在制作的过程中，每一次的用心都将成为一种情感的延续，为服装赋予人情味，也为整个演出注入更加深刻的情感体验。

《微尘》中的服装选择了自然的植物染色方法，为了达到效果，需要将多种植物染料进行混合，这个过程需要经历多次染色。要将这些色彩固定在布料上，还需要经过阳光的晒制，多次的染制和暴晒，让这些衣物在穿着过程中出现了一些细微的开裂，这也成为设计的一部分。《微尘》中"难民"们的服装呈现出破旧的特质，而这些裂缝和破洞的出现不是人为设计，却更加真实地反映了生活的磨难。在观众眼中，这种自然产生的痕迹更加引人深思，能够引发最真实的情感共鸣。

马可在服装设计过程中，充分倾听了舞蹈音乐，感知了舞者的内心情感，详细记录和分析了舞者的身体特征和舞蹈风格。她将舞蹈意象融入服装的细节设计中，这不仅令观众沉浸其中，同时也对舞者表示出最真挚的尊重和关怀。此外，她根据舞者所扮演的角色的性格、表情、动作等特点，合理安排服装的基本款式，确保每位舞者所呈现的角色都能够自内而外地表达出真实感。最后，马可结合舞台背景以及观众的色彩心理，精心选择服装的颜色。通过在冷光与黑色背景下使用棕色服装，将舞者的肤色凸显出来，达到舞台虚实效果的完美融合。在制作工艺方面，马可秉持着"无用"工作室一贯的理念，采用纯手工缝制和染制的方式进行制作。这种环保的制作方式不仅没有造成环境污染，还为服装注入了更深层次的文化内涵，与林怀民的创作理念不谋而合。舞蹈服装经过层层的精雕细琢，最终呈现出令人震撼的效果，这也是未来舞蹈服装设计所应追求的结果。

第三节　校企合作专项分析

一、研究背景

昆剧，这门源远流长的传统艺术，已经存在了六百多年。尤为引人注目的是 2001 年，联合国教科文组织将昆剧列为"人类口述和非物质遗产代表作"再次激发了人们对这一艺术形式的广泛兴趣。昆剧的繁荣不仅唤起了人们对其本身的兴趣，也在一定程度上促进了对昆剧服饰的关注。值得一提的是，白先勇先生与苏州昆剧院于 2004 年合作创作的青春版《牡丹亭》，不仅音乐和舞蹈编排进行了大胆革新，传统昆剧服装设计和舞台场景与灯光艺术也得到了全新的尝试。这些努力不仅提升了作品的知名度，更重新激发了人们对昆剧的热情，对当代昆剧的发展产生了深远的影响。

本项目通过对比分析近代版本《牡丹亭·惊梦》与青春版《牡丹亭·惊梦》中女主角的服饰，以文献资料的收集与整理为基础，从图像学和设计学的角度探讨不同场景下女主角服装、配饰和妆容的特点。同时，结合青春版的年轻理念和现代主流审美，揭示青春版《牡丹亭·惊梦》女主角服饰设计背后的初衷和寓意，进而将这些元素融入当下的审美趋势中，展开更富创意的延伸设计。

本研究与曙宜博（苏州）新材料科技有限公司合作，通过对《牡丹亭·惊梦》女主角服饰的创新，重新构想青春版《牡丹亭·惊梦》女主角的服饰，从而引发现代年轻人对昆剧的兴趣和关注。从理论角度看，这不仅有助于进一步完善昆剧服饰研究的理论框架，还为昆剧服饰的传承与发展提供更加全面综合的参考，从而在实践层面产生深远影响。通过重新设计女主角服饰，我们希望唤起现代年轻人对昆剧的喜爱，将这门古老的艺术形式与现代审美进行有益的交融，推动昆剧在当代的繁荣与发展。

二、理论基础

在不同的近代版本中，对于《牡丹亭·惊梦》中女主角的服装款式进行对比分析，可以观察到它们普遍遵循了传统昆剧服装的基本元素，如帔、褶子、斗篷和鞋的穿戴规律。黎新教授在《论戏曲服装的演变与发展》中指出："不同的剧种由于历史时代、社会背景以及民间传承的地域差异，都保留了各自独特的特色。然而，总体来看，在古典戏曲服饰方面，明末清初时期，随着戏曲艺术的成熟发展以及民间固有印象的形成，服装逐渐演变为以明代的服色为主。这种演变是演员与观众共同塑造的。"因此，传统昆剧服饰经历了历代的发展，呈现出一种程式化的特点。在此背景下，通过对比不同版本的《牡丹亭·惊梦》女主角的服装款式，可以分类列出近代不同版本中女主角的体服图片，并通过绘制服装款式图，对其中的共同特征进行论述。这些服饰款式反映了昆剧在不同时期的演变，同时也展示了传统元素在现代昆剧中的延续与演绎。

通过对比分析，可以更深入地理解昆剧服装的演变和发展，以及它如何受到历史、文化和审美因素的影响。同时，通过对服饰款式的论述，也可以揭示不同版本中女主角服装所蕴含的情感、寓意以及对角色性格的塑造。这种研究不仅丰富了我们对昆剧的认识，还为昆剧服饰的传承与发展提供了有益的参考和启示。

（一）帔对比

《牡丹亭·惊梦》是一部古老而优美的昆曲作品，青春版的《牡丹亭·惊梦》通过服装设计的创新，赋予了经典角色全新的时尚魅力。其中，女主角杜丽娘所穿的帔在传统与现代的交融中，展现出不同的风采。在传统版本的《牡丹亭·惊梦》中，女主角杜丽娘的服装款式为传统的闺门帔。这种服装强调庄重和典雅，帔的宽松设计遮盖了演员的身材，但同时也限制了角色的动作表现。袖子的设计较宽松，虽然可以展示水袖的美感，却有时会影响手部动作的灵活性（图3-31）。然而，在青春版的《牡丹亭·惊梦》中，服装设计师采用了个性化定制的方式，更好地展示了演员的腰身线条，凸显了角色的柔美之姿。袖子的收缩量经过精心调整，既能展现水袖的美感，又不会影响手部动作的自由度，使角色表演更加生动（图3-32）。

图 3-31　南京博物院小剧场
《牡丹亭·惊梦》剧照

图 3-32　江苏昆剧院青春版的
《牡丹亭·惊梦》剧照

另一个显著的改变是青春版中女主角帔的胸围和腰围的调整。传统版本中的帔较宽松，不够贴合演员的身体线条，而青春版则充分考虑了演员的个体特点，通过精准的定制，使得服装更贴合身形，突显出角色的美感。这种个性化的设计方法，使服装不再是单纯的外观装饰，而是能够更好地展现角色的性格和情感。

此外，青春版的帔在袖子的设计上也进行了精心缩减，以更好地展示演员的手部动作和表情。袖子的收缩量经过调整，既不会束缚演员的动作，又能够更好地展现角色的情感变化。这种细致入微的设计，丰富了角色的表演细节，使观众更加投入其中。

总体而言，传统版的《牡丹亭·惊梦》中女主角的帔注重庄重和典雅，但在服装的宽松设计上可能限制了角色的动作和身体线条的展示。而青春版通过个性化定制、袖子收缩的调整等方式，更好地展现角色的腰身线条和表演细节，赋予经典角色全新的时尚魅力。这种创新的设计方法不仅为观众呈现出更具生命力的舞台形象，也为昆剧的发展带来了新的可能性。通过传统与现代的融合，青春版的服装设计为经典角色注入了新的活力，使《牡丹亭·惊梦》焕发出更加迷人的魅力。

青春版《牡丹亭·惊梦》的服装创新不仅是一种外在的美感呈现，更是对角色性格和情感的更深层次的表达。通过在服装设计中注重个体差异和角色特点，这个版本的演出将传统与现代相结合，使角色更具生动性和戏剧性。这种创新的设计方法不仅为观众呈现出更丰富多彩的舞台形象，也为昆剧的发展带来了新的可能性。

（二）马面裙对比

《牡丹亭·惊梦》在不同版本的服装呈现出不同的风貌，特别是马面裙作为角色下装的重要组成部分，在不同版本中的设计也有所不同。

1.《牡丹亭·惊梦》的马面裙

在传统版本的《牡丹亭·惊梦》中，女主角扮演的角色通常穿着经典的马面百褶裙。这种裙装以白色春绸为底布，每块裙片的一侧绣有宽约一尺的"马面"纹样，其他部分都纵向打糊，裥（褶）之间距离细密均匀，形成鱼鳞状效果。这种精致的制作工艺体现了角色的高贵与典雅，常用于扮演后妃、公主和贵族小姐等正旦角色穿着。马面百褶裙的穿着方式是系带式，演员可以根据身高进行调整，裙长为98~110厘米，展现出庄重的仪态。

2. 青春版《牡丹亭·惊梦》的马面裙

在青春版的《牡丹亭·惊梦》中，女主角的马面裙设计呈现出与传统版本截然不同的风格。青春版舍弃了传统的马面设计，改为使用没有马面的全部打褶的百褶裙。这种设计更加注重角色的个性与时尚感，裙子的褶叠经过精心的设计，左右裙片和中间部分都有细致的褶子，展现出裙了自然垂坠的美感。裙子采用围合式穿着，根据演员的腰围尺寸进行个性化定制，使裙子更贴合身体，展现角色的体态之美。此外，考虑演员身材较瘦，裙围方面进行了适度缩减，以呈现更加修长的视觉效果。

3. 比较

传统版的《牡丹亭·惊梦》中的马面裙强调角色的高贵典雅，通过马面百褶的细致工艺展现正旦角色的庄重气质。而青春版的《牡丹亭·惊梦》则在保留经典元素的基础上，更注重角色的个性与现代时尚感。通过取消马面设计，采用个性化的裙围调整和细致的褶叠设计，使马面裙更贴合演员的身体，突显角色的体态美，呈现活力和时尚的效果，让观众在欣赏角色表演的同时，也能感受到服装设计的精湛工艺和时尚魅力。

（三）褶子对比

《牡丹亭·惊梦》中褶子是服装的重要组成部分，将传统版本和青春版中的褶子进行对比分析。

1.《牡丹亭·惊梦》中的褶子

在传统版本的《牡丹亭·惊梦》中，服装的内里领子通常在演员近距剧照中露出，揭示褶子作为里衬的存在。褶子通常位于帔服下方，分为男褶子和女褶子。女褶子的长度一般达到膝盖位置，根据角色不同的年龄和身份，设计上呈现出差异。年轻女性的褶子领子小巧、襟子精致，更加凸显婉约之美；而老年妇女的褶子则采用大领子和大襟子，更显得端庄大方。褶子的设计常以对称的盘口连接衣襟，裙子两侧设计开衩，便于穿着时的活动。有的可以将褶子外穿，作为外衣穿戴的褶子通常附有水袖，增添了服装的灵动感（图3-33）。

2. 青春版《牡丹亭·惊梦》中的褶子

青春版的《牡丹亭·惊梦》在服装设计中进行了巧妙的创新，尤其是在褶子的设计方面进行了微妙的调整。相对于传统版本将女主角的袖围进行了缩减，改造成了短款的马甲式袖口。这种设计调整在视觉上呈现出清爽利落的感觉，避免了传统帔服可能带来的臃肿感。同时，这种设计也增加了演员表演时的灵活性，使其更加自如地展现角色的动作和情感（图3-34）。

图 3-33 邓宛霞《牡丹亭·惊梦》褶子

图 3-34 青春版《牡丹亭·惊梦》褶子

通过这种微妙的改变，青春版成功地为角色形象注入了更多的现代元素和时尚感。马甲式袖口的设计使整体造型更加时尚，在角色的形象细节中产生令人瞩目的影响。

3. 比较

传统版本的《牡丹亭·惊梦》中，褶子作为里衬的存在，通过不同的设计突显不同年龄和身份的角色特点。而青春版的《牡丹亭·惊梦》在传统基础上进行了微妙的调整，将衣袖改造为马甲式袖口，增添了现代元素和时尚感。这种创新的设计方法使角色形象更加鲜活和生动，也为昆剧服装的发展带来了新的可能性。

（四）斗篷对比

1. 传统版《牡丹亭·惊梦》的斗篷

在近代不同版本的《牡丹亭·惊梦》中，女主角的服装呈现了丰富多彩的层次感，其中一个独特的设计是在帔服外加了斗篷。斗篷是昆剧大衣箱中的一种饰物配件，与其他配饰如马甲、腰巾、饭单、四喜带、蓑衣、领衣、喜神、牙赞、佛珠、朝珠、丝绦五带、手帕、肚兜、团扇、折扇、羽扇以及云、盖头等一起构成了丰富多样的角色造型。斗篷，又被称为"被风""一口钟""蓬蓬衣"，是一种外层无袖的披风式外衣，用于为角色增添层次感和氛围。根据性别的不同，斗篷可以分为男用斗篷和女用斗篷。它不仅有长短之分，还有花素的区别，有时会与同色或不同色的绸子打头配套，营造更加丰富的效果。

在《牡丹亭》中，女角杜丽娘在"惊梦"和"离魂"等折子中所穿的正是绣花长斗篷（图3-35），这样的设计不仅增加了角色的华丽感，也为表演增添了一份神秘与戏剧性。斗篷的垂坠感与绣花的装饰相互交织，为角色的动作赋予了独特的韵律感，使演员的表演更加生动。斗篷的加入不仅是服装的一部分，更是舞台形象的一部分。通过精心设计的服装和配饰，不同版本的《牡丹亭·惊梦》为观众呈现出了不同的时代风貌和角色性格，充分展现了昆剧艺术的丰富多彩。

2. 青春版《牡丹亭·惊梦》的斗篷

斗篷也在角色的整体造型中发挥着重要作用。青春版中的斗篷设计采用一片式的系带方式，并在后背部位设置开衩，使演员可以根据需要进行自如的调整（图3-36）。这种灵活性的设置，使斗篷在角色表演时更具动态感。

图 3-35　《牡丹亭》斗篷　　　　　图 3-36　青春版《牡丹亭》斗篷

（五）色彩对比

昆剧服装的传统色彩以"红、绿、黄、白、黑（上五色）"和"紫、粉、蓝、湖、香（下五色）"为基础。通常，主要人物会穿着上五色中的服饰，而次要人物则会穿着下五色中的服饰，以区分角色的重要性和地位。然而，在近代不同版本的《牡丹亭》中，特别是在"惊梦"这一折中，服装色彩的设定与人物的上下等级并没有明显的联系。在各个版本的《牡丹亭·惊梦》中，女主角的服装色彩呈现出丰富多样的特点，不再局限于传统的上下五色。这种变化并非仅仅是色彩的选择，更多的是根据角色的身份、情感以及剧情场景的变化而灵活调整。特别是在女主角身为大家闺秀、正值情窦初开的少女时期的背景下，服装色彩更加强调了她的个性和情感状态。

各版本的女主角服装色彩选择多种多样，常常根据剧情需要和场景变化，以保持整体色调的和谐与统一。通过冷暖色的搭配、互补色的运用，甚至加入白色等不同的配色方式，使服装色彩在保持一致性的同时，也在对比中呈现出富有变化的美感。这种创新的色彩应用不仅让女主角的形象更加立体，也丰富了演出的视觉效果。

在青春版《牡丹亭·惊梦》中，女主角的服饰用色在不同场景中展现出独特的青春韵味。该版本的首演在台北的现代式剧院大舞台上进行，充分利用现代灯光幕布等技术，通过灯光和舞台设计的精妙结合，将苏州园林和现代审美进行了巧妙融合。舞台设计师林克华在创作青春版的舞台美术时，充分考虑了当时年轻人流行的审美趋势，使传统的苏州园林元素与现代禅意的极简风格得以相互对话与融合。

尽管青春版《牡丹亭》仍然保留了昆剧的传统元素，如一桌二椅等，背景仍以牡丹花书画为主题，但林克华对大舞台场景进行了巧妙改造。舞台延伸到乐池的一半，通过增加两道墙的设计，创造出一个全新的舞台空间。这两道墙不仅将舞台分割成一个真实的舞台空间，也让观众感受到如同盒子般的包围感。墙体的设计灵感来自苏州园林的粉墙和漏窗，以弧线勾勒出园林中的水塘和荷叶景致。两道墙的渐层灰白色与舞台的两个水池相互呼应，这些设计元素都紧密融合了苏州园林的特色。

林克华还将园林元素转化为墙面的弧线，用来衬托昆曲演员的柔美身姿。两道墙的颜色渐变，营造出一种静谧的美感。池子的设计也相当精妙，虽然水深只有十五厘米，但借助黑色反光材料和水面波纹的效果，使在演出中如《游园》《拾画》等折中，女主角在池畔的形象如画一般。园林化的设计元素使青春版《牡丹亭》在后续还衍生出了园林版本，这些设计不仅让观众沉浸在戏剧的情境中，更为他们创造了一种超越时空的观感，使观众在现场仿佛置身于园林之中。

三、设计方法

设计戏服是一项充满创意和挑战性的任务，需要考虑到服装的外观美感、舞台效果以及演员的舒适度。以下是一些关键的设计方法，以女帔服为例，确保昆曲服饰的成功设计：

（一）裁剪方式与结构设计

女帔服采用了传统的十字形平面裁剪，将前、后身相连，袖子另行拼接，避免了过面的设计。这种独特的结构为演员提供了更好的灵活性和舒适度，使其在表演过程中能够自如地运动。

（二）材质与面料选择

在选择面料时，需要考虑舞台灯光的反射效果和服装的质感。优质的面料可以增强服装的视觉效果，同时也要确保面料的透气性和舒适度，以满足演员在演出中的需要。

（三）细节处理与装饰

细节处理是戏服设计中不可忽视的部分。可以通过刺绣、珠片、蕾丝等装饰元素来丰富服装的外观，增加层次感和视觉吸引力。

（四）色彩搭配与设计

色彩在戏服设计中起着至关重要的作用。根据角色的特点和情感，选择适合的颜色搭配，能够更好地传达角色的个性和情感。

（五）舞台效果与观众体验

戏服设计不仅要考虑舞台上的效果，还要关注观众的观赏体验。服装的颜色、质感和细节要能够在舞台上清晰可见，同时也要符合剧情和舞台背景的需求。

（六）舞蹈性与动作性

女帔服作为舞台服装，还需要考虑舞蹈和动作的需要。裁剪和面料选择要能够兼顾舞蹈的灵活性和动作的自然流畅性，确保演员在表演中能够尽情展现。

（七）演员体型与舞台形式

不同演员的体型和角色需要考虑不同的服装设计。同时，戏服的设计也要适应不同的舞台形式，如舞台大小、灯光效果等。

（八）反馈与调整

在设计过程中，与演员、导演和舞台美术等人员进行频繁的沟通和反馈是至关重要的。根据反馈及时进行调整和改进，以确保最终的戏服设计能够完美呈现在舞台上。

女帔服的设计需要综合考虑舞台效果、角色需求、面料选择和细节处理等多个方面，以创造出与剧情和角色相符合的精美戏服，为观众呈现出视觉盛宴同时也为演员提供舒适的表演体验。

四、创新应用

（一）女帔服

帔服作为传统戏服的重要组成，具有独特的裁剪方式和设计特点。女帔的裁片包括大身一片，袖子两片，正反领子各一片，领子下部还搭载着对称的宝箭头飘带一条，以及一副水袖。在裁剪时，女帔会按照上下和左右的十字形对折进行，领口中心作为对折线的十字交叉点，裁剪尺寸通常基于对折后的平面尺寸。女帔的长度略过膝，领口设计为如意领，旨在凸显女性的精致和优雅。帔的下摆较宽，通常可以在面料的门幅内满足裁剪需求，从而避免大面积的浪费。与此同时，女帔的里子通常采用绉锻，由于不需要过面，所以里子的板型与面子一致。在缝合拼接衣身时，需要特别注意对齐流水暗纹，以确保整体的匹配和协调。

（二）褶子

女褶子是一种经过改良的无袖短褂，其设计采用对襟立领，并以直角扣来闭合前襟。相较于女帔，女褶子的整体尺寸稍小。女褶子的领型与女帔有所不同，小立领，宽度约为4厘米，长度约为38厘米。此外，女褶子的下摆宽度相对于女帔来说较小。在门襟的位置，女褶子的下摆被分为三份，平均锁扣眼，用以固定直角扣。这些扣子头会露在衣襟的外边缘，从而使两侧的衣襟能够平齐闭合。

改良版的女褶子被设计为内搭，因此，只有领口和第二对扣子以上的部分会露出。考虑到女主角在场次交替时不会更换服装，因此，必须确保其纹样和颜色不会与其他两件帔服产生视觉上的冲突。实际上，这款女褶子的出现起到点睛之笔的效果，为整体造型增色不少。作为内衬，改良女褶子的底色整体色调为浅清水蓝色，立领上的纹样采用传统的刺绣方式，呈现出独立的花朵与叶子的图案，颜色稍深一些，也是清水蓝色。第一对纽扣上饰有一颗胸针，围绕着珍珠，形成一颗红色水钻，巧妙的撞色设计在一定程度上点亮了整体造型的细节。

（三）马面百褶裙

马面百褶裙的裙门共有四个，分别位于前、后、内、外。在平铺时，可以看到三个裙门（其中一个被前面的马面所遮盖）。但穿着时，它们两两重叠，仅露出前、后两个裙门。外露的是外裙门，也就是马面，前、后位置分别位于人体前后。至于百褶，位于两侧，裙胁部位均匀地打6~7厘米的细褶，稍显上窄下宽。制作时，马面和百褶是分开制作的，最后与腰头拼合，两端用襻缀以系带，带的长度通常为50厘米。

这款马面百褶裙的主要纹样分布在马面和下边缘，采用了刺绣工艺。为了保持与帔服纹样的平衡感，采用了镜面对称的布局，并且在边缘处加入了水纹图案的修饰，与帔服上的水纹相呼应。百褶的其他部分采用简化后的十二种花卉图案，分散排列在裙子上。下边缘的纹样则是简化的流水图案，与帔服相配后，整体呈现出"落花流水"的视觉感受（图3-37）。

图3-37　马面百褶裙设计

五、结论

昆曲服饰设计是一个综合性的艺术与工程结合的过程，其将美学、功能性和实用性有机地融合在一起。在设计这一传统的戏服时，深入探讨了裁剪方式、结构设计、面料选择以及细节处理等功能性设计要点，旨在创造出既符合角色特点，又能在舞台上产生良好效果的戏服。通过对女帔服、褶子、马面裙的裁剪方式进行独特设计，保证了演员在舞台上的自由运动，使他们能够更加自如地表现角色情感和动作。面料的选择不仅考虑了服装的质感和外观，还确保了演员在演出过程中的舒适度。同时，注重细节处理，通过装饰元素的巧妙运用，使女帔服更加生动立体。

色彩的搭配与设计在戏服中起着重要的作用，精心选择符合角色气质和情感的颜色，并且要与舞台背景相协调，这样不仅增强了角色形象的表现力，还为整体舞台效果增色不少。此外，考虑到演员的体型特点和舞台的需要，对女帔服的长度、领型等进行了精确设计，以确保演员在舞蹈和动作中能够自如地展现。通过与演员、导演等进行反复的沟通和调整，保证了戏服设计的贴合度和舞台效果的完美呈现。

思考与练习

1. 舞台服装的特点是什么？
2. S. H. T 三要素指的是什么？
3. 为校企合作企业设计一系列舞台服装。
4. 戏曲服饰具备哪些特征？

第四章　新中式服装设计

第一节　新中式服装概论

新中式服装是将中国传统服饰元素与现代时尚元素相融合的服装风格。它既传承了中国文化的精髓，又符合当代人的审美和生活方式。新中式服装不仅是一种艺术创作，更是文化传承和创新的体现。在中国之路的发展下，新中式服装与文化融合成为必然趋势。中国之路是开放、包容、合作、共赢的道路，新中式服装融合了中西方文化元素，展现出中国文化的魅力与自信，实现了跨文化的交流与融合。

随着中国之路的深入拓展，新中式服装催生了新的潮流风尚。新中式服装作为体现中国人精神面貌和时代特征的服装形式，备受追捧。其独特的设计理念、丰富的色彩搭配、精致的细节处理，吸引了广大消费者。新中式服装已成为引领时尚潮流和代表民族风情的服装风格。

在现代新中式服装设计中，应坚持以人为本，注重服装的舒适性和实用性，满足消费者多样化需求和个性化喜好；要尊重传统，创新发展，充分挖掘和利用中国传统服饰文化的内涵和价值，结合现代时尚元素和技术手段，创造出具有时代感和艺术感的新中式服装；要开放包容，积极参与国际文化交流与合作，吸收融合其他国家和地区的服装文化特色，丰富和拓展新中式服装的设计语言和表现形式；要注重品牌建设，提升影响力，加强新中式服装的宣传和推广，树立良好形象和声誉。

结合企业合作实例进行分析，将中国传统服饰元素与现代时尚元素相结合，让产品充分体现中国之路的精神内涵，创造具有中国特色和国际范的新中式服装。

一、新中式服装的定义

新中式服装的概念涉及传统文化、现代审美、设计创新等多个方面。我们需要对其进行深入探讨，以确保对该概念的准确理解。

1. 词义分析

从词义上拆解"新中式"，可以得到"新型的中式"这样的含义。然而，从深层文化角度来看，它应该被理解为"中国当代的传统文化表现"，而非简单地将当代与传统进行结合。新中式是一种对传统中式文化的演绎和延伸，在传承传统的同时，与时俱进，将现代元素与传统元素相结合，打造符合现代人审美需求的事物。在界定新中式风格时，需要注意它不是纯粹的元素堆砌，而是通过对传统文化和现代文化的深刻理解，将现代元素与传统元素融合在一起，创造出富有传统韵味的新事物。新中式设计并非简单地将传统元素随意应用，而是经过筛选、加工、融合，使其适应现代社会和时尚潮流的需要。

2. **新中式风格的体现**

（1）它对中国传统风格文化进行了演绎，将传统文化的内涵与当代社会背景相结合，创造出具有现代感的中式风格。

（2）基于对中国当代文化的充分理解，将传统元素融入当代设计中，打造出富有现代气息的中式服饰。

在新中式的设计中，应该明确其与传统中式的区别。新中式并不完全从属于传统中式，它是在传统中式基础上的演绎和创新。虽然新中式的制作和设计方式至少包含一种传统中式手法，但新中式并不是简单地堆砌传统元素，而是对传统元素进行凝练和简化，以符合现代审美需求。为了更好地理解新中式服装的概念，通过分析一些优秀设计师和品牌的作品来了解其风格和特点。曾凤飞作为一位杰出的设计师，在其品牌曾凤飞（ZengFengFei）中提倡现代中式男装的设计理念，他的作品体现了对传统中式的尊重和借鉴，同时又注入了现代元素，打造出独具个性和时尚感的中式服饰（图4-1）。在女装方面，许多设计师将中式元素与现代设计相结合，创造出端庄大气、优雅妩媚的新中式女装。他们充分理解传统中式的美学特点，同时将现代的面料、剪裁和流行元素融入设计中，使新中式女装既具有传统文化的底蕴，又符合现代女性的审美需求。总之，新中式服装是中国传统文化在当代的传承与创新，是对传统元素的演绎和融合，是一种将中式风格与现代审美相结合的时尚表现。它既具有传统文化的深厚底蕴，又适应了现代社会的需求，是中华文化的瑰宝，也是中国时尚的亮点。未来，新中式服装将在国际舞台上绽放光芒，为中国文化的传播和发展做出更大的贡献。

图4-1　曾凤飞新中式男装

传统女装与新中式女装之间存在着密切的关系，它们相互借鉴、融合，共同展现中国传统服装文化的魅力和创新。首先，新中式女装来源于传统女装。传统女装经过数千年的发展，形成了独特的服饰风格和文化内涵。其中，汉服、旗袍、唐装等代表着不同历史时期的传统女装，每一种都有着自己独特的设计特点和寓意。新中式女装在设计灵感和文化内涵上都与传统女装紧密相关，它汲取了传统服装的精华，将传统元素与现代时尚相结合，创造出全新的服装风格。

其次，新中式女装注重传统与现代的融合。传统女装在历史进程中展现了其无尽的魅力，但随着社会的发展和现代环境的变化，传统女装逐渐失去了在现代日常生活中的实用性。新中式女装应运而生，它以传统女装为基础，结合现代流行趋势，进行创新设计，使传统元素焕发新的生命力，并满足现代女性的穿着需求。这种融合的方式不仅保留了传统女装的魅力，还赋予了服装更强的时尚感和实用性，使之适应现代社会的快节奏和多样化需求。新中式女装的兴起也是对传统女装的保护与延续。传统女装作为中国文化的重要组成部分，承载着丰富的历史和文化内涵。然而，随着现代化的推进，传统女装逐渐被时尚潮流所取代，导致其在现代社会中的地位不断下降。新中式女装的兴起让传统服装焕发新的生机，为传统文化的传承提供了新的途径。它将传统元素与现代时尚相结合，让更多人重新认识和喜爱传统女装，推动了传统服饰文化的传承与发展。

传统女装与新中式女装是相辅相成的关系。传统女装为新中式女装提供了丰富的设计源泉和文化积淀，而新中式女装则以创新的方式将传统文化传承下去，使其在现代社会中焕发新的活力。两者共同构成了中国服装文化的瑰宝，彰显着中国独特的服饰风采和文化魅力。随着时代的变迁，传统女装与新中式女装将继续相互影响、共同发展，为中国服装产业增添不尽的生机与活力。

二、新中式服装的特征

新中式服装是当代中国传统文化的现代演绎，在近年来，随着对传统文化的重新认知和年轻一代对自身文化身份认同的增强，在新中式服装中，我们可以看到古老的图案和刺绣以及现代的剪裁和设计，形成了一种兼具传统和现代的时尚风格。

（一）传统元素与现代设计相结合

1. 款式设计

新中式服装保留了传统中式服装的立领、对襟、一字扣等特点，但在剪裁和面料选择上进行了创新和改良。在保持传统元素的基础上，加入了现代的时尚元素，使新中式服装更符合现代审美和功能。比如，在男装设计方面，一些款式在衣襟侧边加入拉链，以满足体型较大的男性需求，同时采用连肩袖设计，让穿着更加舒适。在女装设计方面，在传统的旗袍上加入镂空的领型设计，运用鲜黄与灰黑的色彩搭配，将现代工艺与传统风格融合，使服装既端庄，又不失妩媚。这种融合传统元素与现代设计的创新理念，使新中式服装在时尚界独树一帜。

2. 面料选择

新中式服装强调传统文化的传承与展示。在面料的选择上，新中式服装常常采用传统的团花织锦缎等面料，这些面料带有浓厚的中国传统文化元素，体现了对传统文化的尊重和传承。

3. 传统元素的应用

新中式服装中经常出现中国传统的图案和刺绣，如龙凤、牡丹花等，这些图案不仅展现了中国古代文化的魅力，还增添了服装的艺术价值。通过在服装中融入传统元素，新中式服装让人们更加深入了解中国传统文化，激发了对传统文化的热爱和兴趣。

（二）新中式服装注重个性化和多样化

在时尚界，追求个性化和独特性是一种主流趋势，新中式服装也不例外。在新中式服装中加入了大量的个性化元素，如不规则剪裁、独特的图案设计等，使每一件新中式服装都有其独特的风格和特色。同时，新中式服装也有多种风格和款式，如华丽高贵的宫廷风、简约清新的民族风、时尚前卫的现代风等，满足不同人群的时尚需求。这种个性化和多样化的设计理念，让新中式服装更具时尚感和吸引力。新中式服装在国际舞台上展现了中国传统文化的魅力。随着全球化的发展，中国文化逐渐走向世界，新中式服装也成为中国传统文化在国际上的重要代表。在各种国际时尚活动中，经常可以看到外国模特身穿新中式服装，展示中国传统文化的魅力。新中式服装在国际舞台上的亮相，不仅提升了中国传统文化的国际影响力，也让更多的人了解和喜爱中国传统文化。新中式服装的发展为中国时尚产业注入了新的活力。

总的来说，在深刻理解了中国传统文化与时尚结合的同时，看到了新中式服装在未来的发展潜力。在不断的创新和探索中，新中式服装将继续在时尚界展现其独特的魅力。

三、新中式服装的分类

新中式服装作为一种特定的时尚表现形式，融合了传统中式服装元素和现代创意，同时承载了东方文化的韵味和内涵，以及西方时尚的审美趣味，从而成为一种复合性的服装形态。然而，新中式服装的定位是否独立于一般服装范畴，依赖于对其分类的角度。

（一）广义角度

将新中式服装视为一种独立的服装类别，可与其他服装类别并列，平行存在。这种视角认为新中式服装具有独特的风格，不同于传统中式服装或西式服装，因此，应在女装的整体分类体系中拥有自主地位。这样的分类方式有助于突显新中式服装的多样性，并充分展示其独有的审美价值。

（二）狭义角度

将新中式服装视为一种特殊的服装类型或分支，纳入一般服装的范畴，与其他服装类型或分支区分对待。这种视角认为新中式服装虽然独具特色，但也受到传统中式服装或西式服装的影响和借鉴，其设计和发展也与其他服装类型密切相关。因此，将其视为服装范畴的一个分支，有助于从整体上审视和理解服装的多样性和交叉性。

（三）多维度分类方法

根据适用场合、品质水平、年龄段和形制特征等不同维度对新中式服装进行分类。这种多维度分类方式能够清晰展现新中式服装的多样性和创意性，并有助于更全面地把握其在时尚领域的地位和发展趋势。以新中式女装分类方法为例，从以下四个维度来介绍。

1. 以场合分类

从适用场合角度看，新中式服装的设计与穿着常常根据不同场合的氛围和要求进行相应的调整和设计。在正式或庄重场合，如婚礼、晚宴、颁奖典礼等，新中式服装通常采用华丽精致的面料、色彩和细节，以凸显高贵和典雅的气质；而在休闲或轻松场合，如旅游、聚会、购物等，新中式服装则偏向选择舒适自然的面料、色彩和细节，体现出活泼随意的风格。不同的场合和目的，需要选择不同类型的新中式女装来展现个性和魅力。根据场合的不同，将新中式女装分为休闲类、社交类和商务类三大类（表4-1），并对每一类的特点和要求进行了分析。

（1）休闲类。休闲类的新中式女装是适合日常生活和休闲娱乐的服装，体现女性对自由和舒适的追求。休闲类服装的特点是形态简洁宽松、面料柔软舒适、色彩低调素雅、装饰简单自然。休闲类服装可以让女性在忙碌的都市生活中，感受到中国文化和生活方式的创新和魅力。

表 4-1　场合分类

类型	面料	色彩	装饰	适合场合
休闲类	柔软舒适	低调素雅	简单自然	日常生活、休闲娱乐
社交类	高档质感	精致适度	稳重大气	礼仪活动、晚会聚会
商务类	符合规范	协调统一	合身舒适	商务工作、会议谈判

（2）社交类。社交类的新中式女装是适合参加各种社交活动和场合的服装，体现女性对优雅和气质的追求。社交类服装的特点是面料质感高档、色彩稳重大气、装饰精致适度。这类服装可以让女性在各种社交场合中，展现出自己的品位和风度，而不失个性和风格。

（3）商务类。商务类的新中式女装是适合从事各种商务工作和场合的服装，体现女性对专业和能力的追求。商务类服装的特点是款式符合团体规范、色彩协调统一、合身舒适。这类服装可以让女性在各种商务场合中，展现出自己的专业素养和信任感，而不显得过于张扬或拘束。

2. 以品质分类

这种分类方式是根据新中式服装的品质水平进行区分。品质水平是指新中式服装的制作工艺、面料质量、设计水准等方面的综合评价。不同的品质水平有不同的价格和市场定位，因此，新中式服装也需要根据品质水平进行相应的区别和定位。在高端或奢侈的品质水平，新中式服装可以选择更加精细和复杂的制作工艺，如手工缝制、刺绣、镶嵌等，以提高新中式服装的独特性和价值；在中端或大众的品质水平，新中式服装可以选择更加简单和实用的制作工艺，如机器缝制、印花、拼接等，以降低新中式服装的成本和价格。

品质等级是一个关键的考量因素，决定了该服装在市场上的地位和受欢迎程度。品质等级可以划分为高端、中端和低端三个层次，其中包含硬件和软件两个方面的因素。

（1）硬件方面。判断新中式服装的品质等级需要综合考虑多个因素。

一是主面料的成分。高端新中式女装通常采用高质量的面料，如丝绸、绸缎等，以突显其华丽和精致的特点。

二是纸样结构的精确性。高端新中式女装在纸样设计上注重细节和精准度，以确保服装的板型和穿着效果。

三是里料成分及触感。高端新中式女装注重内衬的质地和舒适度，以提升整体穿着的舒适性。

四是衬布黏合效果及辅料品质。高端新中式女装在辅料的选择和黏合效果上要求更为严格，以确保服装的稳定性和质感。

五是设计的款式图案。高端新中式女装的设计注重独特性和创意性，以吸引消费者的目光。

六是缝制工艺。高端新中式女装的缝制要求精细且工艺精湛，以确保服装的品质和耐久性。

七是劳动力时间，高端新中式女装通常需要较长时间的手工制作，因此，其价格相对较高。

（2）软件因素也是判断新中式服装品质的重要考量。其中，文化价值和情感力量是新中式服装品质的重要组成部分。高端新中式服装通过深入挖掘中国传统文化的内涵，赋予服装更深层次的意义和情感价值。同时，设计对新中式女装的创作理念和态度也影响着其品质。一些具有独特视角和创新精神的设计师通过个人的理念和风格，赋予新中式服装更多的艺术性和个性化。高端新中式服装的定价不仅取决于产品成本，还涵盖了经营成本、标准利润、知名度、产品独特性、时尚度、地区物价等多个因素。高端新中式服装的定价除了反映其品质水准，还反映了消费者对其品牌和设计价值的认知和认可。

3. 以年龄分类

这种分类方式是根据新中式服装适合穿着的年龄段来进行区分的。不同的年龄段有不同的审美喜好和个性特征，因此，新中式服装也需要根据年龄段进行相应的设计和调整。例如，在年轻或青春的年龄段，新中式服装可以选择更加明亮和鲜艳的色彩，如红、黄、绿等，以体现出年轻人的活力和激情；在成熟或优雅的年龄段，新中式服装可以选择更加沉稳和深沉的色彩，如黑、白、蓝等，以体现出成熟人的稳重和气度。

少年服装（11~18岁）：注重服装的舒适性，款式和色彩应符合未成年人的心理和生理需求。

青年服装（18~30岁）：注重服装的社会属性，即用服装表现自我。

中年服装（30~55岁）：注重服装的舒适性和社会属性。

老年服装（55岁以上）：注重服装的舒适性。

新中式服装是对中国传统文化的尊重和传承，它不仅适合成年人，也适合青少年。

4. 以形制分类

新中式服装是一种将中国传统服饰元素与现代时尚理念相结合的独特服装风格。在分

图 4-2　新中式童装
（图片来源：POP 服装趋势网）

类新中式服装时，可以根据其形制特征进行区分，这是一种最为细致和直观的分类方式。形制特征是指新中式服装在服装结构上所表现出来的特点，包括廓型、细节、面料等方面。这种分类方式，可以清晰地展示出新中式女装在形制上所做出的创新和变化，以及其对传统文化的传承和发展（图 4-2）。

（1）中式外形中式规制。这种类型的新中式服装保留了传统中式女装平面直身造型的所有特征，如立领、对襟、盘扣等。它最能体现出中国传统服饰文化的魅力和精髓。这种服装廓型和细节设计严格遵循传统规制，给人一种端庄、典雅、古典美的感觉。同时，结合现代面料和工艺技术，使这种服装在舒适性和实用性上也有所提升（图 4-3）。

（2）中式外形西式规制。这种类型的新中式服装将传统中式女装平面直身与西方服饰合体结构结合起来，如立体剪裁、对襟、立领等。它最能体现出东西方文化交流与融合的效果和创意（图 4-4）。这种服装结合了传统和现代元素，展现了一种充满时尚感和跨文化交融的新风貌。设计既保留了传统的庄重和典雅，又加入了西式的时尚和便利，适合喜欢融合不同文化风格的时尚

图 4-3　"涂月"品牌发布会
（图片来源：POP 服装趋势网）

女性（图4-4）。

（3）中式外形现代规制。这种类型的新中式服装在传统中式服装上加入现代时尚元素和设计手法，如对襟连衣裙、长袍裙等。它最能体现出新中式服装的时尚感和现代审美趣味。这种服装的设计大胆创新，突破了传统的束缚，注重轮廓和线条的简洁流畅，体现现代女性的自信和个性。面料的选择多样化，结合现代面料技术，使这种服装更加适合现代女性的需求和生活方式（图4-5）。

图4-4　"旗纪"品牌发布会　　　　图4-5　le fame 新中式女装

（图片来源：POP 服装趋势网）

（4）中式外形改良规制。这种类型的新中式服装在传统中式服装基础上进行改良和优化，如改良式旗袍、改良式汉服等。它最能体现新中式服装的舒适感和实用性。这种服装在保留传统特色的同时，通过改良设计，使服装更加贴合现代女性的身形和活动需求。这种改良既包括廓型的调整，也包括细节上的改进，让传统服饰焕发新的生机与魅力。在中国风礼服的主流趋势下，改良式旗袍也将经典中国元素持续运用，保留旗袍核心元素，通过融合当下主流镂空、拼接等元素，让新中式重现时代特色。泡泡袖、灯笼袖、花瓶下摆和西式裁剪融合年轻化旗袍设计，重新焕发国风活力（图4-6）。

新中式服装的不同形制特征为不同女性提供了多样的选择，无论是喜欢传统典雅还是追求时尚创新的女性，都能在新中式服装中找到适合自己的风格。这种形制特

图4-6　"主见"新中式女装

（图片来源：POP 服装趋势网）

征的分类方式，不仅使新中式服装更加多元和丰富，同时也展现了中国传统服饰在现代社会的生命力和活力。

四、新中式服装的发展历程

新中式风格是中国文化复兴新时期的产物，源于对传统文化的回归与传承，同时融入现代时尚元素。以往的设计普遍采用"大模仿"方式，简单地模仿传统元素，缺乏创新。但随着社会的发展和人们审美观念的变化，新中式风格逐渐从"大模仿"转向"小引用"，即灵活运用传统元素，融合现代设计理念，创造出独具中国风格的新作品。

新中式风格最初主要应用于建筑、景观和室内设计领域。在这些领域，设计通过对传统建筑风格和文化符号的细致研究，将传统元素与现代建筑融合，创造出富有中国特色的现代建筑。后来，新中式风格逐渐渗透到包装设计、服装设计、产品设计等领域。特别是在服装设计方面，虽然在 20 世纪七八十年代尚未明确提出"新中式"概念，但已经出现了新时期的中式上装，以立领、对襟为主要特征，结合了盘纽、面料等传统元素，同时也融入了西式的结构和造型，逐渐融合了西方风格，形成了新中式女装的制作和设计手法。

新中式风格的设计理念强调"古为今用，中西合璧，和而不同，着眼未来"，意在传承传统文化，吸收外来文明，推陈出新，展望未来。新中式服装设计不再简单地模仿古代服饰，而是在传统元素的基础上进行创新和演绎。例如，服装设计将传统的立领融入现代时装，采用现代面料和剪裁技术，使服装更贴合现代人的生活方式和审美需求。在色彩上不再局限于传统的红、黄、蓝等颜色，而是充分运用现代色彩理论，打造出更丰富多样的色彩组合。

新中式风格的发展与中国之路的进程密不可分。中国之路是中国改革开放以来，坚持走符合自身国情和特色的社会主义道路，实现全面发展和进步的发展模式。在中国之路的引领下，中国文化逐渐走向国际舞台，新中式风格也因此受到更多国内外人士的关注和认同。随着信息技术和文化创意产业的推动，新中式服装作为一种具有强烈中国特色和民族风情的服装形式得到广泛发展和应用。新中式风格是中国传统文化与现代时尚的有机结合，是对传统的传承与创新。它不仅是一种艺术表现，更是中国文化的展示与传播。

中式服装作为中国传统文化的代表之一，在历史的长河中持续演进，并在当代焕发新的生机与活力。现代中式服装的兴起与发展不仅受到历史文化的影响，还与国际交流和时代潮流的融合密不可分。

回顾历史，中式服装作为中国传统服饰的代表，历经几千年的发展。在古代，中式服装遵循着严格的礼仪与规范，包括立领、对襟、一字扣等传统元素。历史文献《明史外国真蜡传》中记载唐人为海外各国所称的华人，使中式服装在海外诸国中也被称为"中装"或"新唐装"。这种服装风格随着时间的推移，虽然受到外来文化的影响，但一直保持着独特的魅力。

在 20 世纪初，中国与西方的交流不断加深，西方对中国文化产生了浓厚兴趣，也对中国服饰进行了模仿和创新。西方的"中国风"服装在设计中引用了一些中式元素，如立领、对襟等，并将其融合进西方式的设计手法。这种西方的"中国风"服装为后来"新中式"女装设计奠定了一定基础，同时也为"新中式"女装的发展提供了一种启示，即将传统元素与现代设计相结合，打造独具个性的服饰风格。随着现代社会的发展，特别是20 世纪末，人们开始重新关注中华本土民族性与个性化的服饰。蓝印花布、旗袍等传统元素再次受到重视，被赋予了现代方式的诠释。随着时间的推移，特别是进入 21 世纪，中国的经济腾飞和国际地位的提升，使中式服装再次受到世界瞩目。2001 年上海 APEC 会议中，领导人们穿着传统的"唐装"，展现了中国文化的魅力和尊重传统的态度，2014 年北京 APEC 会议中，领导人们穿着"新中装"，设计在"唐装"的基础上进行了创新和改良，加入了开襟的设计，更符合现代审美和功能需求。这象征着中国"新中式"服装的崭露头角，展示了其在国际舞台上的影响力和吸引力。

　　值得一提的是，"新中式服装"的发展并不止步于本土市场，更多的品牌和设计师开始将其推向国际舞台。随着中国文化的全球传播和时尚界的国际化发展，"新中式服装"在国际市场上逐渐受到欢迎。国际时尚界对于中式元素的追捧和认可，使"新中式服装"在全球范围内得以传播和推广。

　　综合而言，现代中式服装的兴起与发展是一场文化传承与时代创新的交融之旅，承载了中国传统文化的精髓，同时又展现出现代时尚的魅力。优秀的设计要不断探索与创新，为"新中式服装"的发展注入新的活力。而中式服装的国际化发展，也将中国文化传播到全世界，展现出中国的魅力与自信。在未来，我们相信，新中式服装将继续在时尚界中熠熠生辉，成为中国文化走向世界的一张璀璨名片。

第二节　新中式服装设计方法

　　款式、色彩和面料共同影响着人们对整体服装的第一感观，它们承担着抓住人们视线的重要任务，出彩的款式设计能留住消费者的心，在设计新中式女装时，应该清楚这一点。新中式女装要充分展现传统的魅力，同时融合当下的潮流趋势，这意味着款式设计的创新。要把握这两点，首先需要对传统进行更深入的了解与分析。了解历史上各个朝代的服饰特点，从古代的服饰中抓取精彩的元素，将传统的美妙之处进行传承与再创造。同时，时刻关注时尚信息，时尚在不断变化，新中式女装的设计需要紧跟时尚潮流，将流行元素与传统元素巧妙地结合起来。还需要对时尚市场进行观察和研究，对提取的元素进行创新融合。例如，可以结合现代流行的剪裁方式，将传统的元素融入服装设计中，创造出独具魅力的新中式款式。面料与色彩的选择也很重要。面料的选择决定了服装的质感和舒适度，色彩的搭配直接影响整体的视觉效果。新中式女装要注重选用高质量的面料，可以选择传统的丝绸、棉麻等面料，也可以结合现代技术选用舒适、透气的面料。在色彩搭配上，可以保留素净雅致，也可以尝试大胆的色彩组合，让新中式女装在时尚中独树一帜。

一、款式的创新

（一）传统款式造型的创新设计

传统服装款式各有特点，各有自己的文化内涵，为中国现代服装的发展奠定了基础，但随着时代的发展，一些传统款式已经不合时宜脱离了时代潮流。因此在创新设计过程中，可以保留传统款式的精彩部分并进行再创作，使其更具时尚感；也可在流行款式、廓型中融入传统款式的精彩点，使服装既具有时尚感，又不失传统特色；还可以采用现代面料与传统款式亮点相结合，碰撞出不一样的感觉，更加丰富设计效果。中国传统服装风格舒展流畅，偏重线的造型，以线韵传神韵；忽略人体特征，不以塑造人体体型为主，而是营造一种人体与自然的统一，通过宽衣大袖营造出的空间，将自己融入天地自然。而这正与现代人追求廓型舒适自然、无拘无束的心态相统一。在新中式女装款式设计方面，一部分设计沿用传统的基本廓型或款式，对不再适应现代流行的部分进行变化，并搭配现代时尚元素进行细节处理，使服装既具有浓郁的传统气息，又呈现出一种全新的视觉魅力。另一部分设计则在现代的流行款式或廓型上，融入传统的服饰元素，如领型、袖型、纽扣、刺绣等，使服装既符合现代人的穿着习惯，又具有独特的文化魅力。王陈彩霞在"中国风"系列中，运用了许多传统的服饰元素，如立领、斜襟、盘扣、云肩、马蹄袖等，将其与现代的剪裁、面料和色彩相结合，设计出了一系列新中式女装。设计中既有对传统服饰元素的直接运用，如立领、斜襟、盘扣直接应用于现代的上衣或外套上，也有对传统服饰元素的变形或提炼，如将云肩变为肩部的装饰花边，将马蹄袖变为袖口的波浪形等，使服装既保留了传统的风格，又增添了现代的趣味。

（二）传统款式细节的创新设计

1. 盘扣的创新运用

盘扣作为中国传统服饰元素的重要组成部分，具有悠久的历史和独特的文化内涵。盘扣源于远古时期的结绳系带，经过漫长的发展演变，逐渐形成了独具特色的盘扣样式，并在不同朝代得到广泛的应用。它不仅具有实用性，用于固定衣襟，还充满了装饰性，成为传统服装中的一种重要装饰元素。

盘扣可以追溯到秦朝，那时盘扣的雏形已经出现。随着时间的推移，盘扣在唐朝得到了更加广泛的使用，并在宋朝时期普及开来。到了清朝，盘扣逐渐取代了传统的系带，成为主要的服饰固定和装饰元素。在"民国"时期，盘扣达到了巅峰，被广泛用于各类服装，成为当时时尚的代表。至今，盘扣的使用得到保留仍然在延续，成为现代中式服装中的一种独特装饰元素。

盘扣也称为盘纽、纽结或纽襻，它是一种特殊的纽扣，具有特定的制作工艺和图案设计。盘扣的制作工艺包括雕刻、镶嵌、打磨等多种工艺技术。盘扣的图案设计非常丰富多样，有花卉、动物等各种形象，还有寓意吉祥的图案，如蝙蝠、龙凤等。这些图案不仅体

现了传统文化的内涵，还展现了人们对美好生活的追
求（图4-7）。

　　盘花扣是盘扣的一种特殊类型，它是中国结的一
种变种。盘花扣的制作工艺更为繁复，常常以花卉图
案为主题，运用丝线编织成精美的花纹，然后镶嵌在
盘扣上，使其更加美观和华丽。盘花扣不仅用于服装
的装饰，还被广泛用于其他物品的装饰，如首饰、包
袋等，是传统手工艺品的代表。

　　盘扣作为传统服饰元素，不仅在传统服装中得到
广泛应用，也在现代时尚中得到了创新运用。将盘扣
的元素融入新中式女装中，赋予其更多的时尚感和个
性特色。盘扣的造型和图案设计可以与现代面料和款
式进行巧妙结合，创造出独具风格的新中式女装。在
时尚舞台上，盘扣已成为中国传统文化与现代时尚的
结合体现，成为时尚界的新宠儿。

图4-7　盘扣设计（kensun）
（图片来源：POP服装趋势网）

　　盘扣作为传统服饰元素的代表，其独特的文化内涵和精湛的工艺技巧，使其在中国传
统文化中占据着重要地位。通过不断地创新与运用，盘扣在现代中式女装中展现出了无限
的魅力。它不仅是服装的装饰，更是中国传统文化与现代时尚相结合的生动体现，为时尚
界带来了新的发展机遇。期待盘扣在未来的发展中继续闪耀其独特的光芒，为新中式女装
带来更多的惊喜与创意。

2. 立领、连肩袖的创新运用

　　新中式女装在设计中运用了传统服装中代表性的造型之一——立领，并进行了创新与
运用。立领挺括的造型使服装显得更加精神、有朝气。现代设计巧妙地将立领元素融入时
尚的精神中，与现代面料和款式进行恰当的结合，成为整体服装中的点睛之笔（图4-8）。

图4-8　新中式女装立领
（图片来源：POP服装趋势网）

传统女装中的立领在新中式女装设计中得到了创新的运用。设计不再局限于传统的立领造型，而是灵活地将其融入现代时尚的风格，使传统立领焕发出时尚的魅力。有些设计运用了立领的延伸和变形，使其成为一种独特的装饰元素。立领的创新运用使新中式女装在传承传统文化的同时，也展现出现代时尚的气息，成为现代女性时尚穿着的优雅选择。

除了立领的创新运用，新中式女装还在袖子的设计中进行了延续与创新。连肩袖作为传统女装中典型的袖型，在新中式女装中得到了广泛的应用。连肩袖受传统女装平面裁剪一片式的影响，衣领与衣袖连在一起，没有肩线的拼合，展现出女性温婉、含蓄的独特气质。为了更加凸显传统女装的含蓄、雅致之美，设计通常采用连肩袖的款式特点，并结合现代的西式立体裁剪，使传统连肩袖既保留原有的韵味，又适合现代穿着习惯与审美特征。这样的设计使新中式女装既传承了传统的气质，又符合现代女性的时尚需求，为穿着者带来优雅、知性的美感。

一些设计在新中式女装中对连肩袖进行了更大胆的变化与创新。通过与不同款式、面料进行结合，呈现出不同的视觉效果。连肩袖的创新运用赋予了新中式女装更多的个性与时尚元素，使其成为兼具传统与现代风格的服装选择。

在新中式女装的设计过程中，设计需要兼顾传统与时尚的平衡。立领和连肩袖作为传统服装中有代表性的造型元素，它们的创新运用对于新中式女装的成功至关重要。通过灵活地将传统元素融入现代设计中，结合现代面料与款式，新中式女装得以焕发新魅力，成为中国传统文化与现代时尚相融合的典范（图4-9）。

图4-9　新中式女装连肩袖设计

（图片来源：POP 服装趋势网）

3. 垂坠绑带

垂坠绑带作为中国传统服饰元素，在新中式服装中的应用成为一道亮丽的风景线。细长轻盈的绑带设计赋予了中式风格以灵动感，使传统服饰的严肃特质得到中和，在服装中兼具装饰性和功能性。垂坠绑带在新中式女装的设计中被巧妙地运用于袖开衩、裙开衩、前襟等连接部位，也可作为装饰性辅料用于衣身，为整体造型增色添彩。垂坠绑带的设计灵感源于中国传统服饰中的系带。古代中国人将绳索编织成绑带，用于束缚衣物，增加服装的稳定性。随着时代的变迁，绑带逐渐演变为细长而垂坠的形式，成为服饰中的一种装饰元素。在新中式女装中，设计将这种传统元素进行了创新与发展，使垂坠绑带成为独特的设计亮点。

垂坠绑带在新中式女装中的应用方式多种多样。最常见的是集中运用在袖口、裙摆和前襟等连接部位，通过将细长的绑带设计垂坠下来，形成流动的线条，赋予服装一种灵动的美感。垂坠绑带的设计可以根据服装款式的不同，变换绑带的长度和数量，达到不同的装饰效果，使服装更具个性和特色。

除了在连接部位的应用，垂坠绑带还可以作为装饰性辅料用于衣身，为整体造型增添细节和层次感。在裙子的腰间、上衣的腰带位置或者衣服的胸前等处加入垂坠绑带，不仅起到装饰作用，还可以修饰身形，使整体造型更加优雅和迷人。

垂坠绑带的设计不仅注重美观，还要考虑功能性。在使用绑带时，设计通常选择柔软、易于打结和松紧调节的材质，以确保绑带的舒适度和实用性。垂坠绑带的设计要符合人体工程学，使穿着者感到舒适自在，而不会束缚活动，如图 4-10 所示。

图 4-10　垂坠绑带设计

（图片来源：POP 服装趋势网）

4. 高开衩

作为传统服装元素高开衩在新中式服装中的运用，为服装设计注入了时尚元素和创新。特别是旗袍的高开衩更加突显了女性的温婉优雅，使传统之美更具当代性。高开衩的设计不仅令人眼前一亮，还在实用性上进行了巧妙的改进，通过结合扣饰、系带、蕾丝花边等元素，完成了创意性的设计，使新中式女装更加具有独特的个性和魅力。

高开衩作为传统服装元素的创新运用，主要体现在衣物裙摆部位，旗袍是中国传统服装中具有代表性的一种。高开衩在裙摆部位的开口相对较高，展现了女性的美腿线条，突显温婉优雅的气质。

高开衩在新中式女装中的应用方式多种多样。其中，衩口的设计是关键之一。传统的高开衩通常是在两侧裙摆呈现，而现代设计通过创新，将高开衩设计延伸到一侧或多侧，甚至在不同位置加入多个高开衩，增添服装的动感和层次感。同时，衩口的开口形式除了传统的直线式开口，还有弧形、V形、不规则等多种设计形式，使高开衩的造型更加多样化。

在高升衩的设计中，扣饰、系带和蕾丝花边等实用元素的加入起到了重要的作用。扣饰可以用来固定高开衩的开口，增加服装的实用性；系带可以用于调节高开衩的开合度，使穿着者可以根据需要自由调整开口的大小；蕾丝花边的加入则为高开衩增添了一份浪漫和柔美，使整体造型更加优雅和迷人，如图4-11所示。

图 4-11　开衩设计

(图片来源：POP 服装趋势网)

在新中式女装的设计中，高开衩的创新运用不仅注重外观的美观，更要考虑实用性和舒适性。高开衩的设计要符合人体工程学，使穿着者在行走和坐姿时感到自如和舒适。通过运用扣饰、系带和蕾丝花边等实用元素，完成了高开衩的创意性设计，使新中式女装更加具有独特的魅力和韵味。

二、色彩的创新

服装色彩不仅能影响人们的视觉感受，还能传达服装的风格、气质和文化内涵。因此，服装色彩设计要结合服装的款式、面料、穿着对象与环境等方面进行分析与设计，以达到和谐、美观和个性化的效果。

新中式女装是一种将传统中式服装元素与现代时尚元素相结合的创新设计，它既保留了中式服装的优雅、大方和含蓄，又展现了现代女性的自信、活力和魅力。新中式女装的设计中，色彩的重要性不容小视，它是传承和创新中式服装文化的手段之一。

新中式女装的色彩设计需要对传统中式服装的色彩进行深入的分析与研究，了解其历史背景、文化意义和审美特点。传统中式服装的色彩具有丰富的象征意义，如红色代表喜庆、热情、吉祥，黑色代表稳重、沉静、神秘，白色代表纯洁、清雅、悲哀等。传统中式服装的色彩也有一定的规范和礼仪，如皇帝专用黄色，贵族喜用紫色，寡妇穿戴白色等。

传统中式服装的色彩还有一些特殊的技法和工艺，如印染、刺绣、织锦等，使服装呈现出多彩、细腻和精美的效果。新中式女装的色彩设计要在尊重和继承传统中式服装色彩的基础上，进行创新和变化，以适应现代人们的审美需求和生活场景。

（一）新中式女装的色彩设计从以下方面进行探索

1. 主色选择

新中式女装可以选择具有中国特色和文化内涵的主色作为基调，如红、黑、白等，也可以选择符合当下流行趋势和季节变化的主色，如粉、蓝、绿等。主色选择要考虑服装整体风格和穿着对象的个人特点。

2. 色彩搭配

新中式女装可以采用传统中式服装常用的色彩搭配方式，如对比搭配、相近搭配、渐变搭配等，也可以尝试现代时尚界流行的色彩搭配方式，如撞色搭配、单色搭配、黑白搭配等。色彩搭配要注意平衡、协调和突出重点。

3. 情绪表达

新中式女装可以通过不同的色彩组合来表达不同的情绪和氛围，如温暖、冷静、浪漫、神秘等。情绪表达要符合服装的主题和穿着场合，也要考虑穿着者的心理和情感。

新中式女装的色彩设计是一门艺术，它需要对传统中式服装的色彩有深刻的理解和尊重，也需要对现代时尚的色彩有敏锐的观察和创新。只有这样，才能使新中式女装的色彩设计既不沉闷，又具有时尚感；既体现中国文化的魅力，又展现现代女性的风采。

（二）传统色彩的应用

传统服装是中华文化的重要组成部分，它不仅体现了民族的风俗习惯，也展现了民族的审美情趣和艺术创造力。传统服装中的色彩与搭配，是设计中不断探索和创新的源泉，它们能够为现代服装设计带来独特的东方魅力和文化内涵。

东北虎（NE·TIGER）是中国高级定制服装品牌的领导者，它以中国传统文化为灵感，将传统色彩与现代元素相结合，创造出富有个性和气质的服装作品。2022年的东北虎服装系列是中国顶级奢侈品品牌东北虎的最新力作，曾于2021年10月22日在北京国家会议中心的中国国际时装周上惊艳亮相。这一系列的灵感来源于中国传统文化中最具象征意义的两种神兽——龙和凤，以"龙凤呈祥"为主题，展现了中国文化的博大精深和时尚的创新力（图4-12）。

这一系列的服装采用了高贵典雅的丝绸、绸缎等面料，以及精美细致的绣花、珠片、羽毛等

图4-12　东北虎（NE·TIGER）发布会

装饰，打造了一种华丽、庄重、神秘的视觉效果。色彩以红、金、黑、白等代表吉祥、富贵、权威、纯洁的色彩为主，营造了一种浓郁的中国风情。设计以龙和凤为元素，运用了对称、平衡、曲线等手法，体现了中国传统美学的特点。

这一系列的服装分为四个部分：龙之魂、龙之韵、凤之翼、凤之舞。每个部分都有自己的风格和特点，又相互呼应，形成了一个完整的故事。龙之魂是这一系列的开篇，以黑色为主色调，展现了龙的威严和神秘。服装上运用了龙鳞、龙爪、龙角等元素，以及金色的绣花和珠片，营造了一种皇家气派。这一部分的服装既有男性化的硬朗线条，又有女性化的柔美曲线，体现了龙的雄浑和灵动。龙之韵是这一系列的过渡，以白色为主色调，展现了龙的纯洁和高贵。服装上运用了白色的绸缎以及银色的绣花和珠片，营造了一种清新雅致的氛围。这一部分的服装既有简约大方的剪裁，又有复杂精致的细节，体现了龙的简约和华丽。凤之翼是这一系列的转折，以金色为主色调，展现了凤的富贵和辉煌。服装运用了金色的绸缎以及金色和彩色的绣花和珠片，营造了一种璀璨夺目的效果。这一部分的服装既有宽松舒适的板型，又有飘逸轻盈的羽毛，体现了凤的舒适和飞翔。凤之舞是这一系列的结尾，以红色为主色调，展现了凤的吉祥和喜庆。服装运用了红色的绸缎以及红色和金色的绣花和珠片，营造了一种热情奔放的气氛。这一部分的服装既有紧身修身的剪裁，又有开衩设计，体现了凤的优雅和活力。这一系列的服装在中国国际时装周上引起了轰动，受到了业内人士和观众的一致好评，被认为是东北虎（NE·TIGER）在华服领域的又一次突破和创新。东北虎以其对中国文化和时尚的深刻理解和独特诠释。

除了东北虎，还有许多其他的设计师和品牌也在传统服装配色方面进行了创新运用。例如，马可2014年春夏系列设计中，将中国古典园林中的绿色、白色、灰色等自然色彩与水墨画风格的印花图案相结合，营造出一种清新淡雅、恬静优美的氛围。这些色彩和图案既表达了对自然环境的尊重和珍惜，也反映了对中国传统艺术的赞赏和借鉴。

（三）传统色彩的寓意及使用

中国传统服装色彩承载着深厚的历史和文化内涵，在传统服装中，色彩被赋予了丰富的象征意义，每一种色彩都承载着独特的文化符号和情感寓意。

中国传统服装色彩以原色或近原色为主，如中国红、青花蓝、水墨黑、琉璃黄、国槐绿和玉脂白等，这些色彩给人以鲜明、浓郁、热烈的视觉效果。中国红作为最具代表性的传统色彩之一，象征着吉祥、喜庆和热情，常用于婚礼、节日等喜庆场合。青花蓝是传统瓷器上常见的色彩，寓意着高洁和纯洁，常用于婚礼中的新娘服饰。水墨黑则代表着深沉和神秘，多用于重要场合的正装。琉璃黄和国槐绿分别象征着瑰丽和生机，常用于春节和节庆的服饰中。玉脂白则代表纯洁和美好，常用于婚礼中的新娘嫁衣。这些传统色彩构成了一幅富有民族特色和文化底蕴的画卷，使传统服装在色彩上展现出独特的魅力。

在新中式女装的设计中，这些传统色彩得到了继承和发扬。设计巧妙地运用中国红、青花蓝、水墨黑、琉璃黄、国槐绿和玉脂白等色彩，结合现代面料和款式，打造出具有时尚感和现代气息的新中式女装。例如，新中式婚纱常采用中国红和玉脂白等传统色彩，结合现代设计手法，使传统婚纱焕发出新的光彩，既具有传统的喜庆和祝福之意，又兼具现代时尚的时髦感。传统色彩在新中式女装的运用中不乏创新尝试，例如，将中国红与玫红相结合，使服装色彩更加丰富和饱满；将琉璃黄与柠檬黄融合，赋予服装更多的活力和青春气息。这些创新的色彩搭配使新中式女装在时尚领域中展现出更多的可能性和创意。在新中式女装的色彩设计中，还有一种重要的趋势是运用渐变色。渐变色的设计可以使服装色彩呈现出流动感和层次感，增加服装的艺术性和审美价值，通过渐变色运用，使新中式女装更加具有现代时尚的气息，同时也不失传统服装的独特韵味。

中国红、青花蓝、水墨黑、琉璃黄、国槐绿和玉脂白等传统色彩在新中式女装中的创新应用，体现了设计师对传统文化的深刻理解和对时尚趋势的敏锐把握。

1. 中国红

中国红是最具代表性的传统色彩之一，象征着吉祥、喜庆和热情。在新中式女装中，设计师们将中国红与其他现代色彩进行融合，创造出更多元的色彩搭配。例如，将中国红与玫红相结合，使服装色彩更加饱满和丰富；将中国红与橙色融合，赋予服装更多的活力和热情。此外，设计师们还通过运用渐变色，使中国红呈现出流动感和层次感，增加服装的艺术性和审美价值。中国红在新中式女装中展现出了传统色彩的热烈和时尚色彩的活力，成为新中式女装中的一大特色。

2. 青花蓝

青花蓝是传统瓷器上常见的色彩，寓意着高洁和纯洁。在新中式女装中，设计师们将青花蓝运用到服装的设计中，赋予服装更多的文化内涵和艺术气息。青花蓝常用于婚礼中的新娘服饰，通过与白色、粉色等现代色彩的搭配，使婚纱更具优雅和高贵的气质。此外，青花蓝也常用于现代中式连衣裙和旗袍的设计，与红色、金色等传统色彩相结合，营造出充满东方韵味的时尚造型。青花蓝在新中式女装中的创新运用，使传统色彩和现代时尚完美融合，呈现出独特的美感和魅力。

3. 水墨黑

水墨黑代表着深沉和神秘，是传统服装中常用的色彩之一。在新中式女装中，设计师们通过与白色、灰色等现代色彩的搭配，使水墨黑展现出更多的层次和质感。水墨黑常用于正式场合的服装设计，如礼服和晚礼服，赋予服装更加庄重和典雅的气质。此外，设计师们还通过运用金色、银色等亮丽的装饰元素，使水墨黑呈现出更多的华丽和奢华感，增加了服装的视觉效果和吸引力。水墨黑在新中式女装中的创新运用，使传统色彩焕发出新的生机和魅力，成为新中式女装中不可或缺的一部分。

4. 琉璃黄、国槐绿

琉璃黄和国槐绿分别象征着瑰丽和生机，是传统服装中常用的明亮色彩。在新中式女装中，设计师们将琉璃黄和国槐绿与现代色彩相结合，创造出更多元的色彩组合。琉璃黄常用于春节和节庆的服装设计，赋予服装更多的喜庆和欢乐感。国槐绿常用于夏季服装的设计，与白色、粉色等现代色彩相融合，呈现出清新和活力的气息。此外，设计师们还通过运用流苏、蕾丝花边等装饰元素，使琉璃黄和国槐绿呈现出更多的优雅和华丽感，增加了服装的时尚度和个性魅力。琉璃黄和国槐绿在新中式女装中的创新运用，使传统色彩焕发出新的生机和活力，成为新中式女装中的一大亮点。

5. 玉脂白

玉脂白代表纯洁和美好，是传统婚纱和嫁衣中常用的色彩之一。在新中式女装中，设计师们将玉脂白与现代色彩相结合，使其展现出更多的层次和质感。玉脂白常用于新娘嫁衣的设计，与粉色、金色等现代色彩相融合，呈现出浪漫和高贵的气质。此外，设计师们还通过运用镶钻、珠片等亮丽的装饰元素，使玉脂白呈现出更多的华丽和奢华感，增加了服装的光彩和华贵感。玉脂白在新中式女装中的创新运用，使传统色彩焕发出新的光芒和魅力，成为新中式女装中不可或缺的一部分。

通过与现代色彩的融合和渐变色的运用，这些传统色彩焕发出新的生机和活力，成为新中式女装中的一大亮点。同时，这些传统色彩也让新中式女装更加贴近中国传统文化的内涵和民族特色，为中国传统文化的传承和发展做出了积极的贡献。

三、面料的创新

面料作为服装设计的三大要素之一，对服装的美感和风格有着至关重要的影响。不同的面料与设计相结合，可使服装呈现出不同的效果，给人们带来不同的视觉享受。因此，在选择面料时，要根据设计的主题和风格，慎重考虑，多方尝试，找到最适合的表现方式，让服装更加精彩有吸引力。

传统中式风格面料是历史文化的结晶，具有独特的魅力和特色。在新中式服装创新设计中，面料的选择和运用非常重要，可以体现出新中式服装的特点和风格。在新中式服装设计中，对面料的创新运用主要有以下方式。

（一）对传统面料进行改良和创新运用

传统面料如丝绸、棉麻等，有着柔软、飘逸、保暖、抗菌等优点。对传统面料进行改良和创新，可以通过染色、印花、折叠、褶皱等方式，赋予传统面料新的色彩和形态，让传统面料焕发出新的生机和活力。采用现代染色技术，将传统的丝绸面料染成更具现代感的亮丽色彩，增加服装的时尚元素；或者通过印花工艺在棉麻面料上呈现出传统花鸟画，突显中式的文化底蕴。对棉麻面料进行创新，通过压花、褶皱、折叠、褪色等方式，对面料进行肌理感创新设计，在面料上形成不同的纹理或图案，提高棉麻面料的质感和舒适度，让棉麻面料更加适合现代人的穿着需求。

（二）将天然纤维和人造纤维进行创新结合

传统面料和现代面料各有各的特点和优势，在新中式女装设计中，可以将两者进行创新结合，形成一种新的混合面料，既保留传统面料的文化内涵和美感，又增加现代面料的功能性和实用性。举例来说，设计师可以将丝绸与涤纶、棉麻与尼龙等进行混纺织造，既能提高丝绸和棉麻的强度和耐久性，又能降低涤纶和尼龙的硬挺感和不透气性。这样的混合面料不仅具有传统面料的柔美和光泽，还具备了现代面料的易护理和舒适感，使新中式服装更加实用与时尚。

对传统面料的改良创新，要不断探索和尝试，将面料的创新与设计理念相融合，才能为人们呈现出更加精彩有吸引力的新中式女装。

四、工艺的创新

刺绣、印染、手绘、贴绣和编织，这五种工艺都是在新中式女装创新设计中具有影响的装饰方法。它们各自拥有独特的特点和表现形式，在面料、款式、色彩和图案的设计中都起到了不可或缺的作用。

（一）刺绣

刺绣作为一种古老的工艺，有着悠久的历史和丰富的品种。不同地区和民族的刺绣有着各自的风格和特色，如京绣、湘绣、苏绣、蜀绣、粤绣等。刺绣的针法繁多，通过不同的针法可以表现出不同的质感和层次。刺绣的图案多取材于自然界的动植物、历史故事、民间传说等，富有民族特色和文化内涵。在女装的创新设计中将刺绣应用于不同面料和款式上，打造出富有艺术价值和审美效果的新中式女装。

（二）印染

印染作为一种常见的工艺，同样具有悠久的历史和多样的形式。印染的方法包括镂空版印花、木版印花、铜版印花、胶版印花等，通过不同的印染方法可以呈现出丰富多彩的色彩和图案。印染的图案多取材于几何形状、民间图腾、吉祥符号等，富有民间风情和生活气息。印染织物可以用来制作服装、帽子、被褥、床饰、门帘等，具有很强的实用性和装饰性。

（三）手绘

手绘是一种自由发挥和个性表达的手工艺，在新中式女装的创新设计中得到了广泛运用。手绘的图案没有固定的范式和规则，可以是抽象或具象、简单或复杂、单色或彩色，只要能体现出手绘者的思想和情感就行。手绘的图案可以直接绘制在织物上，也可以绘制在纸张上然后贴绣在织物上，形式多样。

（四）贴绣

贴绣是一种将已经绣好或剪好的图案贴在另一块织物上的工艺。贴绣的图案可以是动物、花卉、字母等，也可以根据需要进行拼接和组合，形成新的效果。贴绣作为一种装饰方式，可以用来装饰服饰、枕头、抱枕等，具有很强的创意性。

（五）编织

编织是一种基础的工艺方法，有机织、手织、钩针织、针织等，编织的织物可以呈现出不同的密度和弹性。编织的图案可以是条纹、格子、波点、雪花等，也可以根据需要进行变化和创新。

刺绣、印染、手绘、贴绣和编织这五种工艺方法能使新中式女装设计更加多样化、个性化和富有艺术价值。在设计实践中，可以不断探索新的创新方式和思路，进一步丰富新中式女装的设计语言。

五、风格的分类

新中式服装可以分为以下几类风格。

(一) 经典风格

经典风格是新中式女装中具有传统服装特点的一种风格，不太受流行趋势的左右，追求严谨、高雅、文静、含蓄，这种风格融合了中国传统服饰优雅的特点，将古典美与现代时尚相结合，展现出一种永恒的魅力。

代表品牌之一是"楚和听香"。楚和听香是一家专注于装束复原的团队，他们致力于还原古代服饰的原貌和精神。他们的设计师深入研究历史文献和古代服饰，对传统面料、剪裁和工艺进行精心挑选和复原，将古代的服饰之美展现在现代的舞台上（图4-13）。在经典风格的设计中，面料选择至关重要。传统面料丝绸、棉麻、绢绸等常被使用，这些面料具有柔软光泽、舒适透气的特性，能够展现出女性的优雅气质。在颜色上，常见的是素雅的黑、白、灰以及深沉的红、蓝、绿等色调，凸显出大气稳重的氛围。经典风格强调对细节的雕琢和精心处理。在剪裁上，采用传统的立领、宽袖等元素，注重服装的线条美和板型修饰。配饰方面，常选用古典的玉饰、绣花、扣带等装饰，体现出华贵典雅的气质。这种风格强调文化传承和历史积淀，设计在创作时会注重对中国传统服饰文化的深入挖掘，并融入现代元素，使服装更具现代感与可穿性。

图4-13 "楚和听香"品牌服装

经典风格的新中式女装适合有品位和内涵的女性。她们不追逐时尚的潮流，更喜欢低调奢华和不拘一格的独特气质。经典风格的服装让人感受到一种内敛中散发出的高贵典雅，显现出女性的成熟和稳重。这种风格在一些重要的场合和活动中尤为受欢迎。比如重要的商务场合、宴会、婚礼等，经典风格的服装能够让女性展现出端庄大方的气质，给人留下深刻的印象。

(二) 优雅风格

优雅风格是新中式女装中具有时尚感和华丽品质的一种成熟风格。它注重细节设计，强调服装的精致感，装饰比较女性化，女性在穿着时散发出高贵典雅的气质。这种风格融合了中国传统文化与现代时尚，打造出华丽而不失内涵的新中式女装。代表品牌之一是"盖娅传说"。盖娅传说是一家奢华高定品牌，以仙气和刺绣为特色，将中国传统文化与西方艺术相融合。设计深受中国传统文化的影响，将传统的绣花、刺绣等工艺融入现代的设计中，使服装充满了浓郁的东方韵味。同时，盖娅传说也不断吸纳西方时尚元素，注入现代的线条和剪裁，使优雅风格的新中式女装更具时尚感（图4-14）。

在优雅风格的设计中，面料选择尤为重要。常见的面料有丝绸、蕾丝、珍珠纱等，这些面料质感柔滑细腻，能够突出女性的娇嫩和高贵。同时，在颜色上，常采用深沉的红、紫、金等色，或是清雅的白色、粉色、浅蓝色等，这些色彩都能够表现出女性的温婉和端庄。优雅风格的剪裁注重线条的流畅和板型的修饰，常见的设计元素有拖地裙摆、褶皱、立领等，这些设计能够使服装更加贴合女性的身形，凸显出女性的优美曲线。同时，这种风格注重装饰的运用，常采用刺绣、绣花、珠片等装饰，增加服装的华丽感和女性化。优雅风格的新中式女装适合有品位和追求高贵气质的女性。她们喜欢华丽而不失大方的服装，注重细节和质感，懂得欣赏传统文

图4-14　2023 "盖娅传说"
服装发布会

化的美丽和深邃。优雅风格的新中式女装在重要的社交场合和活动中尤为受欢迎，如晚宴、重要的商务会议等，优雅风格的服装能够让女性在人群中脱颖而出，成为焦点。在重要的庆典、婚礼等场合，优雅风格的服装更能凸显女性的高贵气质，让她们成为独特的风景线。在优雅风格的设计过程中，设计需要有对时尚的敏锐嗅觉和对传统文化的深刻理解。只有在融合传统文化与现代时尚的过程中，才能创作出具有华丽品质和高贵气质的新中式女装。

（三）田园风格

田园风格是新中式女装中一种追求原始、纯朴自然美的风格。它强调简约而不失温暖，体现了人们对自然环境和简单生活的向往。田园风格的服装让人感受到自然与宁静的美，散发出一种朴素、温馨的氛围。代表品牌之一是"无用"。无用是一家文艺类品牌，以舒适的面料和自然的色彩为主打，专为台湾舞蹈家设计服装。他们的设计灵感源自自然的美，将大自然的元素融入服装设计中，打造出兼具舒适与自然美的田园风格新中式女装（图4-15）。

在田园风格的设计中，面料选择非常重要。常见的面料有棉麻、亚麻等，这些天然面料具有舒适透气的特性，能够体现出田园风格的自然朴素。同时，在颜色上，采用自然的色调，如淡雅的米色、棕色、绿色等，这些色彩能够营造出宁静和温暖的氛围。田园

图4-15　"无用"品牌服装

风格的剪裁强调简约而不失雅致。常见的设计元素有宽松的剪裁、V领、褶皱等，能够让服装更加舒适自然，展现出女性的随性和优雅。田园风格注重细节的处理，常采用手工绣花、刺绣等装饰，增加服装的自然美和朴素感。田园风格的新中式女装适合那些追求简约自然的女性。她们喜欢舒适自然的穿着，不喜欢过于华丽的装饰，注重内心的平静和自在。这种风格的服装让她们感受到大自然的美丽和温暖，散发出一种亲近自然的气息。

田园风格的新中式女装在日常生活和休闲场合中受欢迎，如度假、郊游、家庭聚会等穿着，田园风格的服装能够让女性感受到自然的美，让她们在轻松愉悦的氛围中展现出优雅和舒适。在田园风格的设计过程中，需要对自然美有深刻的理解和感受。只有在对大自然的细致观察和领悟中，才能创作出体现出纯朴自然之美的新中式女装。同时，对面料的选择和运用也是关键，要选用舒适自然的天然面料，使得服装更贴合女性的身形，感受追求原始、纯朴自然美的穿着体验。

（四）浪漫风格

浪漫风格是新中式女装中具有唯美和梦幻气质的一种年轻、活泼的服装风格。它以热情奔放的语言、瑰丽的想象和夸张的手法来塑造服装形象，将甜美与性感相结合，营造出梦幻般的氛围。浪漫风格的服装让人感受到青春的浪漫情怀，散发出一种迷人而吸引人的魅力。

代表品牌之一是"密扇"，密扇是一家国潮类品牌，以荷叶边和花卉为主要元素，打造甜美和性感的氛围。设计充分利用中式元素和现代时尚相结合的手法，将唯美的东方美与现代的浪漫风格相融合，打造出充满活力和梦幻感的浪漫风格新中式女装。在浪漫风格的设计中，面料选择充满变化和趣味（图4-16），常见的面料有蕾丝、雪纺、丝绸等，这些面料质感柔软、轻盈，能够展现出女性的柔美与性感。同时，在颜色上，常采用浪漫的粉色、紫色、粉蓝等，或是瑰丽的金色、银色等，这些色彩都能够表现出浪漫风格的梦幻气质。浪漫风格的剪裁强调流畅和活泼。常见的设计元素有荷叶边、褶皱、泡泡袖等，这些设计能够让服装更加灵动和俏皮，展现女性的少女心和活力。同时，这种风格注重装饰的运用，常采用花朵、蝴蝶结等装饰，增加服装

图4-16 "密扇"品牌服装

的甜美和梦幻感。浪漫风格的新中式女装适合热爱生活、活力四射的年轻女性。她们喜欢表现自己的个性，追求梦幻和浪漫的生活方式。这种风格的服装让她们感受到甜美与性感并存的气质，让她们在青春的舞台上展现出迷人的魅力。

浪漫风格的新中式女装在聚会、约会、派对等场合中尤为受欢迎，如生日派对、婚礼

宴会、节日庆典等，浪漫风格的服装能够让女性成为聚光灯下的焦点，散发出迷人的光芒。在浪漫风格的设计过程中，需要有丰富的想象力和创造力。只有在充满梦幻与奇思的设计中，才能打造出唯美和迷人的浪漫风格新中式女装。同时，要选用优质的面料，使服装更具舒适和质感。

（五）运动风格

运动风格是具有活力和动感的一种休闲舒适的服装风格。它结合了运动服饰的功能性和时尚性，展现年轻人的个性和态度。运动风格的服装让人感受到活力四射的气息，散发出一种自信和自在的魅力。

代表品牌之一是"李宁"。李宁是一家知名的运动品牌，以简单的印花和中国结为标志性设计，将中国文化与国际潮流相结合。李宁的设计充分挖掘中国传统文化中的元素，融入现代的服装设计中，打造出具有国际时尚感和中国特色的运动风格新中式女装。在运动风格的设计中，面料选择注重舒适和透气性，常用的面料有棉织物、弹力面料、涤纶等，这些面料质感柔软、透气性好，能够让女性在运动中保持舒适的穿着体验。在颜色上，采用活力的亮色，如红、黄、蓝等，这些色彩都能够表现出运动风格的活力和动感（图4-17）。运动风格的剪裁强调舒适和灵活性，常用的设计元素有宽松的剪裁、弹力束脚裤、连帽设计等，这些设计能够让服装更加适合运动和活动，展现女性的活力和自信。同时，这种风格也注重功能性的运用，采用拉链、口袋等设计，增加服装的实用性。

图4-17　李宁品牌发布会

运动风格的新中式女装适合热爱运动和追求舒适的年轻女性。这种风格的服装让她们在运动和休闲时都能保持时尚和个性。运动风格的新中式女装在日常生活和休闲场合中很受欢迎，如户外运动、旅游、休闲聚会等，运动风格的服装能够让女性感受到舒适和自由，展现活力四射的青春魅力。在运动风格的设计过程中，需要对运动服饰的功能性有深刻的理解。只有在注重舒适和实用的设计中，才能打造出具有活力和动感的运动风格新中式女装。对面料的选择和运用也至关重要，要选用适合运动的高品质面料，使得服装更加舒适耐穿。

（六）民族风格

民族风格是新中式女装中具有浓郁地域和民族特色的一种丰富多彩的服装风格。它借鉴了各个民族服饰的色彩、图案和工艺，展现了中国多元文化的魅力。民族风格的服装让人感受到独特的地域风情和文化底蕴，散发出一种热情与活力的魅力。

代表品牌之一是"雀云裳"。雀云裳是一家由著名舞蹈家杨丽萍创立的品牌，以云南少数民族的服饰为灵感，打造独具风情的服装系列。设计深受云南少数民族文化的启发，将彝族、傣族、纳西族等少数民族服饰中的元素融入现代的服装设计中，打造出充满地域特色和民族气息的民族风格新中式女装（图4-18）。

图4-18 "雀云裳"品牌女装

在民族风格的设计中，面料要选择具有传统特色和质感，常用的面料有手工绣花面料、云南本土手工纺织品等，这些面料具有民族风格的特点，能够展现浓郁的地域文化。在颜色上，采用鲜艳多彩的色彩，如红、黄、蓝、绿等，这些色彩都能够表现出民族风格的热情与活力。民族风格的剪裁强调民族服饰的特色和风格。常用的设计元素有立领、绣花、镂空等，这些设计能够让服装更具民族风情，展现出独特的文化底蕴。民族风格注重细节的处理，常采用手工刺绣、云纹等装饰，增加服装的民族气息。民族风格的新中式女装适合喜欢传统文化和地域风情的女性。她们热爱中国的多元文化，喜欢探索不同民族的服饰和工艺。这种风格的服装让她们感受到独特的魅力和文化底蕴。民族风格的新中式女装在节日庆典、文化活动、旅游等场合中受欢迎，如春节、端午节、元宵节等中国传统节日，民族风格的服装能够让女性感受到浓厚的节日氛围，展现出传统文化的美丽和多彩。在旅游时，穿着民族风格的服装也能让女性更加融入当地的风土人情，体验地域文化的魅力。在民族风格的设计过程中，设计需要对中国各个民族的文化有深入的了解。只有在充分挖掘和借鉴各个民族服饰的元素的过程中，才能打造出充满地域特色和民族气息的新中式女装。面料的选择和运用，要具有传统特色和质感，使服装更加贴合民族风格的特点。

第三节　校企合作专项分析

一、研究背景

中国是世界上服装消费和生产的重要国家之一，新中式服装在近几年受到越来越多年轻人的欢迎，尤其是对国风、国潮感兴趣的消费者。

新一代年轻人的着装风格多姿多彩，既体现了他们对传统的继承和尊重，又展现了他们对创新和突破的追求和勇气。这种风格不仅向世界展示了中国年轻一代的民族自信和文化骄傲，也反映了他们对中国传统文化的深刻理解和责任感。本项目将根据前期的研究成果，通过设计实践的方法，与苏州古唐东韵服饰有限公司合作，共同探讨新中式未来流行趋势。企业选定主题"水墨"，将水墨元素作为本土文化的代表，探讨新中式女装在当下的设计开发应用。

水墨艺术作为中国传统文化的瑰宝，蕴含着深厚的历史底蕴和独特的审美价值。在与苏州古唐东韵服饰有限公司的合作中，深入了解水墨艺术的精髓，探寻其在服装设计中的运用潜力。通过汲取水墨艺术的灵感，创造兼具现代时尚与传统美学的新中式女装，以引领未来流行趋势。在设计实践中，挖掘水墨艺术的符号、意象和笔墨特点，将其融到女装设计的方方面面。通过精心挑选面料、剪裁和色彩，呈现出充满东方韵味的服装作品。同时，注重将现代女性的审美需求与传统文化的魅力相结合，使新中式女装既具有独特的个性，又贴合当代女性的审美喜好。在与苏州古唐东韵服饰有限公司的合作过程中，我们进行了反复的设计探索和实验，不断调整和优化设计方案，确保最终的女装作品能够完美体现出水墨元素与时尚元素的结合。

通过与苏州古唐东韵服饰有限公司的合作，运用水墨元素，为新中式女装注入新的生命力和时尚气息，让传统文化焕发出现代的魅力。为中国本土服装品牌的发展贡献了一份力量。

二、理论基础

水墨是中国传统艺术的瑰宝，以简约的笔墨勾勒出丰富的意境，寄托了创作者的情感。水墨元素在服装设计中有着独特的魅力，既能突破西式裁剪的束缚，又能增加视觉上的美感。水墨元素是指以水和墨为主要材料，运用各种笔法和技巧，创造出黑白、浓淡、有无等不同效果的艺术形式。水墨元素可以表现出万千物象，也可以抒发主观情感和潜意愿。水墨元素具有极强的表现力和感染力，能够引起受众的共鸣和想象。

水墨元素是中国传统文化中美学思想的体现，蕴含了笔与墨、意与境、虚与实等哲学理念。水墨元素往往寄情于景，以少胜多，以虚实之间达到意尽形全。水墨元素在服装设计中，可以根据人体曲线和服装结构，运用简洁而精巧的设计手法，展现设计的创意和情感。水墨元素可以与不同受众的审美观相结合，经过主观处理后，呈现出完美而升华的艺术效果。

主题以水墨元素为核心，围绕对其理解进行新中式女装的设计、开发与应用。我们将以《将进酒》诗中描绘的磅礴水墨画面为设计灵感，通过水墨的精髓将诗仙李白在诗中不羁的豪迈气质和神韵融入服装中。同时，深入探索水墨所传达的计黑留白的深层余韵，与古唐东韵所倡导的简约高雅的衣着品位和简洁丰富的视觉形态理念相结合。

在设计过程中，我们将深入研究《将进酒》诗中的意境和表现手法，从中提取出具有水墨艺术特色的元素，如墨迹飞扬、墨韵流动、浓淡渐变等，用这些特点来打造新中式女装的设计语言。通过巧妙运用水墨元素，我们希望能够将李白豪放的个性和诗中的壮美景象融入服装设计中，展现出东方女性的独特魅力和自信气质。同时，我们将充分借鉴水墨画的表现手法，运用计黑留白的设计理念，在服装上营造出独特的深层余韵。结合古唐东韵所倡导的简约高雅的衣着品位，我们将打造出简洁而不失丰富的视觉形态，让新中式女装既具有现代时尚的审美，又展现出深沉、内敛的文化底蕴。

在与古唐东韵服饰有限公司的合作中，我们将充分发挥水墨元素的创意潜力，通过不断的尝试和实验，推陈出新，不断打磨出符合市场需求的新中式女装。我们将深入了解古唐东韵的品牌定位和受众需求，将水墨元素与品牌理念有机地结合，确保设计的新中式女装能够在市场上脱颖而出。

最终，本研究将总结创新设计的经验，为新中式服装的创新设计提供实用的参考和建议。通过水墨元素的灵感和古唐东韵的独特理念相融合，我们希望为新中式女装带来崭新的风貌，将传统文化与现代时尚完美结合，展现出中国服装设计的独特魅力和创意潜力。

三、设计方法

这是一款充满灵感的时尚服装系列，以水墨元素为设计灵感，为 18 ~ 30 岁女性打造的简约时尚风格。服装采用素色面料，融入细腻的水墨细节，展现出优雅与活力并存的气质。为了提供良好的衣着体验，本系列服装特别考虑了春夏季的人体工程学需求，采用舒适、通风的面料和款式。无论是在炎热的夏季还是活跃的春季，穿着者都能感受到舒适与自在。这个系列的设计注重凸显女性的曲线美，同时强调她们的豪迈气度，呈现出自信与积极的生活态度。服装的水墨元素在细节处展现优雅，又在整体上体现出时尚的个性。

无论是追求自由潇洒的自由职业女性，还是迎合白领工作场合的职业女性，这个系列都能满足她们的时尚需求。这个系列的服装特点使它成为一种非常适合多样场合的穿搭选择，让女性在各种场合中都能光彩照人，展现独特魅力。以水墨元素为灵感的简约时尚服装系列将为年轻女性带来一种充满活力、优雅而又个性的着装选择。

这个系列服装的设计充满创意与个性，以水墨晕染的金色勾勒为特色，使服装的线条流动感十足，同时打破了传统黑白色调的沉闷。以下是对每套款式的描述：

第一套款式（衬衫大衣+落地裤）：这套款式在衬衫大衣的基础板型上进行了巧妙的改造。通过加长无侧缝的设计，下摆幅度的调整和两侧的开衩，赋予衬衫大衣更多的自由潇洒感。搭配宽大不羁的落地裤，强调下身的宽松飘逸，突显出穿着者豪迈的气质。

第二套款式（短衬衫上衣+半身系腰裙）：这套款式在衬衫外套的基础板型上进行改良。上衣贴合身体，采用中式立领和圆滑的不规则门襟设计，并装饰盘扣，胸腰围处稍作收紧，凸显女性的曲线美。搭配半身系腰的裙子，腰部收紧并做了褶间处理，增加了服装层次感，裙子下摆则展现出自由潇洒和灵动欢快的气息。

第三套款式（短衬衫上衣+半身裙）：这套款式着重于衬衫的简练和清晰风格，袖口呈喇叭状的设计增添了一份特别的个性。搭配收腰设计的半身裙，下摆开衩，优雅地凸显出女性的好身材，整体呈现出干净简洁的穿着状态。

第四套款式（短衬衫上衣+高腰裤）：这套款式的上衣略短贴身，以缩短上身并拉长下身的长度。门襟的不对称和中式领的设计搭配宽大的袖子，凸显出别具一格的感觉。搭配宽松不羁的高腰裤，彰显穿着者的豪迈气质，给整体造型增添了自由感。

这个系列的设计风格独特，将水墨晕染和金色勾勒巧妙结合，通过不同款式的搭配，展现自由潇洒、优雅和活力的特质，为年轻女性提供了多样化且时尚的着装选择（图4-19）。

图4-19 王丽萍校企合作作品

四、应用

本次服装系列选择采用高弹缎纹雪纺面料，是出于对面料性能与设计效果的全面考虑。高弹缎纹雪纺面料能在多个方面表现出优异的特性，使其成为该系列的理想选择。首先，高弹缎纹雪纺面料的厚度适中，非常适合进行数码喷绘处理。数码喷绘技术在现代服装设计中扮演着重要的角色，能够实现复杂的图案和色彩呈现。因此，高弹缎纹雪纺面料的适应性为设计提供了创意空间，能将水墨元素完美地融合在面料上，创造出充满艺术感的服装设计。其次，高弹缎纹雪纺面料具备丝绸般的光滑柔软质感，这不仅增添了服装的高级感与质感，还使穿着者感受到丝绸般的舒适触感。舒适性是现代服装设计中不可忽视的因素，它影响着穿着者的整体着装体验和心理感受。高弹缎纹雪纺面料的柔软亲肤特性，为穿着者带来舒适的穿着感受，增加了该系列服装的亲和力与可穿性。最后，高弹缎纹雪纺面料的可塑性极佳，适合剪裁出自然大气的立体款式。面料的质地和柔软度决定了服装的延展性和立体感，高弹缎纹雪纺面料的特点使服装能够更好地贴合穿着者的身体曲线，营造出流畅而有型的服装线条，增强穿着者的气质与自信。高弹缎纹雪纺面料的选择不仅使该系列服装能够保持时尚与舒适性的平衡，还成功地将水墨元素的美妙融合体现在服装设计中。高弹缎纹雪纺面料的多样特性赋予了设计更多创作的自由，为目标受众带来了更具吸引力、独特而时尚的服装体验。

本服装系列的色彩设计与搭配以素至雅静为主题，着重采用黑、白、灰的冷灰色调，并辅以微量的金色和朱红色。具体色彩组合包括墨黑、纸白、印朱以及微量金色。这些浓墨淡彩的色彩运用旨在塑造诗句画面中的豪迈不羁氛围，以及孕育满腔情怀的表现。通过这样的色彩组合，设计的服装表达出静谧与高雅并存的气质，融合传统与现代的时尚美感。

在色彩搭配上，主色调的黑、白、灰，冷灰体现了一种低调而典雅的氛围。黑色代表着神秘与稳重，白色象征纯洁与简约，灰色则融合了黑白之间的平衡与和谐。冷灰的色彩搭配使得整个系列呈现出一种简约而不失高级感的特质，彰显着现代女性内敛却不失个性的气质。而朱红与微量金色的点缀则为整个系列增添了一丝亮点与独特之处。朱红作为传统的文人墨客喜爱的颜色，代表着热情与生命力。微量的金色则象征着贵族气质和珍贵之物。这两种颜色的运用为整个系列增添了一抹亮色，让整体造型更加丰富多彩。整个色彩设计与搭配的灵感来源于中国水墨画艺术，以及其中蕴含的诗情画意。墨黑、纸白、印朱以及微量金色都是传统水墨画中常见的颜色。这些色彩在水墨画中相互交融，勾勒出美轮美奂的山水画卷和情意绵绵的诗词墨迹。设计巧妙地将这些色彩灵感融入服装设计中，使得穿着者仿佛置身于诗情画意的世界之中，感受着古典艺术的魅力。

在服装面料的选择上，高弹缎纹雪纺面料的应用突出了水墨画的效果。这种面料的质地兼具丝绸的光滑柔软与雪纺的透明感，使得服装更具有流动感与层次感。这样的面料选择与色彩搭配相得益彰，为服装系列增色不少（图4-20~图4-22）。

图 4-20　王丽萍校企合作成衣展示图

图 4-21　王丽萍校企合作成衣大片展示 1

图 4-22　王丽萍校企合作成衣大片展示 2

五、结论

　　传统水墨画的表现形式以及水墨的效果变化非常丰富多样，因此，服装设计中在处理水墨效果时，要注重其浓淡对比、虚实界限以及留白空间的处理。这样的处理方式能够使服装更加具有艺术感与层次感，增强了穿着者的气质与魅力。整个色彩设计与搭配的过程中，注重色彩的平衡与和谐。尽管以黑、白、灰为主色调，但在水墨画的表现中，色彩变化极为丰富，因此，设计通过灵活运用朱红和微量金色等点缀色彩，为整个系列增色不少，同时又不破坏整体的简约风格。这样的设计思路体现了设计对色彩搭配的深刻理解与巧妙处理。

思考与练习

1. 新中式服装的定义是什么？
2. 新中式服装的发展历程是什么？
3. 新中式服装风格分类是什么？
4. 为校企合作企业设计一个系列新中式服装。

参考文献

[1] 梁立立，于洪涛，张忠岩，等．户外运动服饰的功能性研究与设计开发［M］.北京：中国纺织出版社，2017：43-125.

[2] 厉莉，刘晓刚．服装设计5——专项服装设计［M］.上海：东华大学出版社，2015.

[3] 陈桂林，蔡雪真．经典时尚职业装设计［M］.北京：化学工业出版社，2017.

[4] 戴孝林，朱家峰，刘荣平，等．户外服装开口结构细节设计的应用研究［J］.轻工科技，2020，36（1）：93-95.

[5] 罗春莉．户外登山运动服装功能性设计研究［D］.沈阳：沈阳师范大学，2018.

[6] 藏洁雯．户外运动服的设计与应用研究［D］.上海：东华大学，2014.

[7] 徐春华．户外运动服装的色彩研究［D］.上海：东华大学，2013.

[8] 钟敏维．滑雪服装的功能性设计研究［J］.西部皮革，2018，40（6）：9.

[9] 张彩云．基于可持续理念的户外功能服装设计研究［D］.郑州：郑州轻工业大学，2020.

[10] 张浩，赵书林．高性能运动及户外服装织物性能研究［J］.天津纺织科技，2006（1）：17-20.

[11] 张同会，冀艳波．紧身骑行服功能性设计研究进展［J］.纺织科技进展，2017（6）：51-54.

[12] 张向辉，王云仪，李俊，等．防护服装结构设计对着装舒适性的影响［J］.纺织学报，2009，30（6）：138-144.

[13] 周惠，王宏付，柯莹．女性公路骑行服的款式优化设计［J］.上海纺织科技，2018，46（10）：46-49，60.

[14] 崔玉明．女子运动服饰的研究——以女子跑步服为例［J］.现代装饰（理论），2016（12）：292-293.

[15] 董笑妍．气象万变，户外服怎能置身事外？［J］.纺织服装周刊，2019（31）：32-33.

[16] 李家懿．浅谈功能性服装的时尚性［D］.天津：天津美术学院，2018.

[17] 张杰．分析户外休闲服功能性面料的应用发展和趋势［J］.智库时代，2018（51）：117，125.

[18] 任倩．户外的时尚风潮　功能性面料受户外热追［J］.纺织服装周刊，2014（10）：17.

[19] 张广超，刘春艳，谢依霖．昆曲服饰元素在现代服装设计中的应用研究［J］.西部皮革，2023，45（13）：99-101.

[20] 陆琰．解读昆剧戏衣服饰文化中的图案之美［J］.新美术，2009，30（5）：92-94.

[21] 金薇薇，张丁伟．非遗传承视角下的扎染工艺产品创新设计研究［J］.印染，2023，

49（9）：97-98.

[22] 仇美君，季英超．浅谈我国的防护服装 [J]．中国个体防护装备，2005（6）：20-21.

[23] 赵锦．户外运动服装的功能性设计研究 [J]．河南工程学报（自然科学版），2011（4）：13-17.

[24] 李晓慧．功能性运动服装的前景研究 [J]．北京体育大学学报，2005，28（3）：426-427.

[25] 董家瑞，洪虹．Outlast 温度调节纤维 [J]．上海纺织科技，2006：15.

[26] 杨银英，孟家光．浅谈户外服装用功能性面料 [J]．国际纺织导报，2009（11）：63-66.

[27] 张叶．户外运动装的设计研究 [D]．天津：天津工业大学，2007：29-34.

[28] 王辉．服装功能化设计探讨 [J]．毛纺科技，2017，45（11）：54-57.

[29] 邹游．职业装设计 [M]．北京：中国纺织出版社，2006（4）：43-78.

[30] 李蔷．从青春版《牡丹亭》看昆曲当代传播 [D]．南京：东南大学，2020.

[31] 朱含辛．青春版《牡丹亭·惊梦》主角服饰再设计研究 [D]．苏州：苏州大学，2020.

[32] 马宝利．摩托车服防风立领结构设计分析 [J]．天津纺织科技，2014（3）：47-48.

[33] 文海，李园．基于服饰类型的色彩搭配技巧研究 [J]．印染，2022，48（5）：94-95.

[34] 关娟娟，于晓坤，朱达辉．缓解中老年人腰痛功能内衣的开发及其性能评价 [J]．纺织学报，2018，39（11）：122-127.

[35] 王晓艳，胡守忠，居玲玲．基于扎根理论的智能服装商业化影响因素研究 [J]．丝绸，2018，55（6）：31-37.

[36] 于霞，鲁成．基于扎根理论的我国女性服装消费心理传导机制研究 [J]．毛纺科技，2018，46（11）：80-84.

[37] 张婷，胡守忠．基于扎根理论的服装企业买手运营模式研究 [J]．丝绸，2018，55（1）：41-47.

[38] 陈姝霖．解构主义在多功能服装设计中的方法应用 [J]．纺织导报，2016（3）：72-74.

[39] 陈姝霖，刘长江．模糊理论在多功能高空作业服设计中的应用 [J]．毛纺科技，2018，46（7）：74-77.

[40] 俞为民．昆曲的现代性发展之可能性研究 [J]．艺术百家，2009，25（1）：51-58.

[41] 段雨竹，张康夫．云门舞集《微尘》中的服装造型意象 [J]．艺术研究，2022（6）：133-137.

[42] 朱恒夫．论昆曲行头及穿戴原则 [J]．四川戏剧，2019（1）：4-10.

[43] 巴蕾．话剧舞台服装设计方法探究 [J]．戏剧之家，2016（10）：6-8.

[44] 芦春伟．浅谈话剧服装设计写实性与艺术性的表达 [J]．演艺科技，2016（3）：9-10.

［45］史梦琪，等.论《茶馆》话剧服饰的设计因素与表现形式［J］.轻工科技，2018（8）.

［46］陈洁.话剧服装中的 S. H. T 三要素辨析［J］.戏剧之家，2019（9）：145-147.

［47］朱靓.舞台服装造型艺术的特点及色彩应用［J］.艺术大观，2023（21）：103-105.

［48］赵银锁.舞台服装设计及舞台艺术效果研究［J］.戏剧之家，2015（15）：50.

［49］汪丽丽.江南文人审美视野下的昆曲服饰［J］.东南文化，2021（6）：180-183.

［50］郝荫柏.昆曲的十年巨变与未来发展［J］.戏曲艺术，2011，32（4）：47-49.

［51］管驿.昆剧服饰色彩解读［J］.丝绸，2007（2）：46-49.

［52］卞向阳.中国近现代海派服装史［M］.上海：东华大学出版社，2014：22-99.

［53］赵冠华，陈海荣.水墨画元素在新中式服装中的创新设计与应用［J］.印染，2023，49（7）：98-99.

［54］沈从文.中国古代服饰研究［M］.北京：商务印书馆，2011（12）：29-111.

［55］张竞琼.近代服饰新思潮研究［M］.北京：中国纺织出版社，2014（1）：39-56.

［56］刘卫，史亚娟.现代中式服装造型设计研究［J］.纺织导报，2013（3）：97-99.

［57］刘若琳.中式服装大襟结构研究［J］.丝绸，2015，52（6）：32-35.

［58］张竞琼.浮世衣潮之广告卷［M］.北京：中国纺织出版社，2017：55-78.

［59］华梅.东方服饰研究［M］.北京：商务印书馆，2018：25-66.

［60］薛凯文.贵州苗绣纹案在现代服饰品中的设计传承研究［D］.上海：东华大学，2023.

［61］张占浩，雍海波，廖漫.户外运动服的发展趋势［J］.轻纺工业与技术，2014，43（5）：65-66.

［62］孙琳琳.户外运动装备设计探微［D］.长春：吉林大学，2007.

［63］L. Muran，赵丽丽.运动服和其他高性能服装的技术创新与市场趋势［J］.国外纺织技术，2004（1）：1-5，18.

［64］李默.现代运动风格女装设计研究［D］.上海：东华大学，2009.

［65］戴孝林，刘婉君，张敏霞，等.户外服装开口结构与通风效应关系研究［J］.纺织导报，2019，（12）：79-82.

［66］林伟.模糊设计方法在功能鞋设计中的应用［J］.包装工程，2015，36（22）：84-87.

［67］陈姝霖，刘长江.摩托车骑行防护服的功能优化设计［J］.纺织导报，2021（10）：67-70.

［68］许梦菲.文化 IP 视角下的服饰设计研究［D］.杭州：浙江理工大学，2020.

［69］许琪晨.美育视野下的中学校服设计实践［D］.桂林：广西师范大学，2021.

［70］王政.鞋类设计中形式美法则的运用［J］.西部皮革，2011，33（9）：34-38.

［71］支田田.服装造型轮廓的流行性分析与探索［D］.天津：天津科技大学，2011.

［72］陈姝霖.摩托车骑行服性能优化设计的影响因素分析［J］.毛纺科技，2020，48（10）：69-71.

［73］潘健华 . 论舞台服装种类 ［J］. 演艺设备与科技，2004（2）：72-75.

［74］孙晓菲 . 舞台服饰色彩的情感表现与研究 ［D］. 天津：天津工业大学，2018.

［75］胡亚兵 . 试析中国传统戏曲服饰特点 ［J］. 大舞台，2013（8）：6-7.

［76］罗琪 . 舞蹈服装的设计原则探索 ［J］. 美术观察，2022（3）：67.

［77］张颖 . 新中式女装创新设计的研究 ［D］. 湖南：湖南师范大学，2016.

［78］王丽萍，温兰 . 新中式女装设计中水墨元素的应用 ［J］. 辽宁丝绸，2021（3）：53-54，49.

［79］侯林汝，初晓玲，李艾真 . 歌剧《韩信》中服装象征性设计的应用探析 ［J］. 服饰导刊，2021，10（4）：120-124.

［80］陈洁 . 话剧服装中的 S. H. T 三要素辨析 ［J］. 戏剧之家，2019（9）：145，147.

［81］苏静，潘健华 . 形表一体：中国传统戏曲服饰形式美装扮价值论略 ［J］. 戏曲艺术，2022，43（1）：95-100.

［82］胡亚兵 . 试析中国传统戏曲服饰特点 ［J］. 大舞台，2013（8）：6-7.

［83］曹慧超 . "工匠精神"在中式服装中的传承与创新研究 ［D］. 石家庄：河北科技大学，2019.